普通高等教育"十二五"部委级规划教材（高职高专）

专业认知与职业规划系列教材

专业认知与职业规划
（新能源应用技术类）

江苏工程职业技术学院　组织编写

贾礼进　主编

中国纺织出版社

内 容 提 要

本书主要介绍新能源产业背景与行业发展趋势、行业发展影响因素与经济形势、高等职业技术教育的特点、新能源专业与相关专业的关系、新能源专业人才培养目标与素质要求、新能源专业人才培养模式、专业课程体系、专业学习资源、专业学习原理与学习方法以及新能源专业见习与职业规划等内容。

本书可作为中职、高职院校新能源相关专业新生的专业入门教材，也可作为新能源相关领域人员的参考资料。

图书在版编目 (CIP) 数据

专业认知与职业规划：新能源应用技术类 / 贲礼进主编 . —
北京：中国纺织出版社，2014.11（2022.9重印）
普通高等教育"十二五"部委级规划教材 . 高职高专
ISBN 978-7-5180-0886-5

I. ①专…　II. ①贲…　III. ①新能源—应用—职业选择—
高等职业教育—教材　IV. ① TK01

中国版本图书馆 CIP 数据核字（2014）第 186781 号

责任编辑：符　芬　　责任校对：梁　颖
责任设计：何　建　　责任印制：何　建

中国纺织出版社出版发行
地址：北京市朝阳区百子湾东里A407号楼　邮政编码：100124
销售电话：010 — 67004422　传真：010 — 87155801
http://www.c-textilep.com
中国纺织出版社天猫旗舰店
官方微博 http://weibo.com/2119887771
北京虎彩文化传播有限公司印刷　各地新华书店经销
2014年11月第1版　2022年9月第3次印刷
开本：787×1092　1/16　印张：6.5
字数：122千字　定价：28.00元

凡购本书，如有缺页、倒页、脱页，由本社图书营销中心调换

编　委　会

出版者的话

《国家中长期教育改革和发展规划纲要》（简称《纲要》）中提出"要大力发展职业教育"。职业教育要"把提高质量作为重点。以服务为宗旨，以就业为导向，推进教育教学改革。实行工学结合、校企合作、顶岗实习的人才培养模式"。为全面贯彻落实《纲要》，中国纺织服装教育学会协同中国纺织出版社，认真组织制订"十二五"部委级教材规划，组织专家对各院校上报的"十二五"规划教材选题进行认真评选，力求使教材出版与教学改革和课程建设发展相适应，并对项目式教学模式的配套教材进行了探索，充分体现职业技能培养的特点。在教材的编写上重视实践和实训环节内容，使教材内容具有以下三个特点：

（1）围绕一个核心——育人目标。根据教育规律和课程设置特点，从培养学生学习兴趣和提高职业技能入手，教材内容围绕生产实际和教学需要展开，形式上力求突出重点，强调实践。附有课程设置指导，并于章首介绍本章知识点、重点、难点及专业技能，章后附形式多样的思考题等，提高教材的可读性，增加学生学习兴趣和自学能力。

（2）突出一个环节——实践环节。教材出版突出高职教育和应用性学科的特点，注重理论与生产实践的结合，有针对性地设置教材内容，增加实践、实验内容，并通过多媒体等形式，直观反映生产实践的最新成果。

（3）实现一个立体——开发立体化教材体系。充分利用现代教育技术手段，构建数字教育资源平台，开发教学课件、音像制品、素材库、试题库等多种立体化的配套教材，以直观的形式和丰富的表达充分展现教学内容。

教材出版是教育发展中的重要组成部分，为出版高质量的教材，出版社严格甄选作者，组织专家评审，并对出版全过程进行跟踪，及时了解教材编写进度、编写质量，力求做到作者权威、编辑专业、审读严格、精品出版。我们愿与院校一起，共同探讨、完善教材出版，不断推出精品教材，以适应我国职业教育的发展要求。

中国纺织出版社

教材出版中心

校长寄语

新生们告别紧张繁忙的中学生活的同时，也踏上了接受高等职业教育的新里程，开始了职业技能和职业素质训练的新生活。准备迎接未来社会生活，特别是职业生活的挑战，这其中，最基本的技能便是进行专业认知与职业规划。

作为高职院校的一名新生，进入大学后，特别渴望了解所选专业的几个主要问题，即这个专业都教授什么？学了以后有什么用？应该怎么学，未来如何运用？将来可以做什么，能够做什么？也就是说，将来可以从事何种职业、有何职业选择与成就、今后的发展如何等。这些问题，事关高职学生将来的事业发展与自身成长，自然会引起同学们的高度重视。

"专业建设无疑是高职学校内涵建设的核心内容，也是高职学校建设和发展的立足点。……学校设置一个专业，首先应该明确开设的理由（社会需求）、人才培养的规格（办学定位）、育人的软硬件条件（培养能力）以及专业发展未来的愿景（规划目标）。……学生进入这样的专业，一年级时挖掘出职业乐趣，期待成为毕业生；二年级时建立职业认同感，渴望成为从业者；三年级时形成职业归属感，立志成为行业企业接班人。……专业、学校会是他们一生的平台。"（范唯语）

在高职学校办学与学生择业竞争激烈的今天，作为教师，我们应该精心考量"专业如何与产业对接？如何健康成长、可持续发展而不是短命低效"等问题，还应该深思"专业如何具备行业气质？如何成为学生就业的引擎"的发问；作为学生，应该思索"这个专业能够给我带来什么？我的将来在哪里"。

专业与产业、行业、职业、事业是紧密联系的，专业与知识、技术、能力、素质也是不可分割的。从某种意义上说，选择了什么专业，就选择了什么样的工作岗位、生活方向、人生航道。正因为如此，我们必须懂得自己所走的这条道路通向何方，必须规划好未来的航程。尽管形势或生活的变化可能带来一定的微调，但从专业中所获取的精神与态度、风骨与品格、眼光与境界是相伴我们终生的。

人的一生中最重要的是选择、认知与规划。选择是取舍，是走哪条路的问题；认知是了解，是明确什么路、路上有什么的问题；规划则是具体设计方案，是怎么走、怎么到达的问题。认知、选择与规划是相辅相成的。选择了什么专业，就基本确定了职业方位，接下来就是要在总体了解和认知的基础上，进行精心筹划，确定实施方法和策略，并付诸行动，一场人生战役就此打响，这就是人生"凯旋"的基本步骤。而学业则是从专业到达职业彼岸的一叶扁舟。因此，专业认知也好，职业规划也罢，其关键点在于学业。学业精通与否，决定了职业规划实现的高度、宽度与长度，从而也决定了人一生的厚度与精度。

为了灿烂的前景与正确的前行方向，请准确认知与从容规划，并且勤学苦练。希望我院组织编写、出版的这套"专业认知与职业规划系列教材"能够从源头上提高同学们对专业的认同感，增强学习的积极性和主动性，帮助大家设计好自己的学业规划。

最后，预祝新生们通过几年的努力学习，能够顺利走向职场，实现自己的人生目标！

江苏工程职业技术学院院长

二〇一四年六月

前言

由于煤炭和石油资源的有限性和分布不均匀性，世界上大部分国家能源供应不足，不能满足经济、社会发展的需要，并且由于储存量有限，煤炭和石油等能源正面临着枯竭的危险。因此，发展新能源，寻求可替代能源，减少人类对化石能源的依赖，可以减少二氧化碳的排放，保证社会经济健康、可持续发展，已成为世界共识。

20世纪70年代以来，可持续发展思想逐步成为国际社会共识，大力发展新能源，尤其是可再生能源的开发利用受到世界各国的高度重视，许多国家将开发利用可再生能源作为能源战略的重要组成部分，提出了明确的可再生能源发展目标，制定了鼓励可再生能源发展的法律和政策，可再生能源得到迅速发展。

从目前可再生能源的资源状况和技术发展水平看，今后发展较快的新能源除水能外，主要是生物质能、风能和太阳能。生物质能的利用方式包括发电、制气、供热和生产液体燃料。风力发电技术已基本成熟，经济性已接近常规能源，在今后相当长时间内将会保持较快发展。太阳能取之不尽、用之不竭，基本没有什么污染，而且无处不在，不需要长距离的运输，因此，太阳能将会成为主要的能源之一，有着广泛的应用前景。

江苏工程职业技术学院按照《教育部、财政部关于支持高等职业学校提升专业服务产业发展能力的通知》（教职成〔2011〕11号）精神，会同欧贝黎新能源科技股份有限公司、国电江苏龙源风力发电有限公司、韩华新能源科技股份有限公司等多家新能源行业知名企业多次深入研讨，在充分论证的基础上，制订了新能源应用技术专业建设方案，开设了新能源应用技术专业认知与职业规划课程，编写了此本教材。

本书以五个专题内容的形式展开，首先是新能源行业感知，主要介绍产业背景与行业发展趋势，行业发展影响因素与经济形势。然后是新能源专业认知，主要介绍高等职业技术教育的特点，新能源专业与相关专业的关系以及新能源专业人才培养目标与素质要求。接着是新能源专业学习，主要介绍专业人才培养模式、专业课程体系、专业学习资源、专业学习原理与学习方法。最后是新能源专业见习和职业规划。

本书专题一由张新亮老师编写，专题二由曹莹老师编写，专题三由贡礼进老师编写，专题四由陈继永老师编写，专题五由林森老师编写。本书在编写过程中得到了江苏工程职业技术学院新能源教研室的有关老师以及江苏省风光互补发电工程技术研究开发中心相关技术人员的大力协助，在此深表感谢。

尽管我们力图使本书内容翔实并有新意，但由于种种原因，本书还有许多不足之处，欢迎读者给出宝贵意见。

编者

2014年8月

☞ 课程设置指导

课程名称： 专业认知与职业规划（新能源应用技术类）

适用专业： 新能源相关专业

总 学 时： 24

课程定位及设计思路

　　"新能源应用技术专业认知与职业规划"课程是一门将专业教育、思想教育、就业教育等融为一体、帮助高职新生对所选专业进行解读的专业入门课程，也是专业必修课程。该课程主要回答学生专业是什么、为什么（学习这个专业）、学什么（专业内容）、怎么学（学习方法指导）、做什么（职业规划）等方面的一系列问题。

课程目的

　　开设本课程的目的是帮助新生明确专业学习目标，树立积极的学习态度，掌握科学的学习方法，让每一位新生都能够了解大学阶段新能源应用技术专业的学习特点、基本要求、学习内容和考核要求，认识专业的实质和职业地位，建立个人职业规划，为将来的职业发展奠定良好的基础。

课程教学的基本要求

　　在教学过程中应立足于加强学生对新能源应用技术专业认知和职业规划能力的培养，通过学习和训练任务的引领来不断提高学生的学习兴趣，激发学生的成就动机。将教师讲解示范、学生讨论互动与教师解答指导有机结合，在"教"与"学"的过程中，不断提高学生对新能源应用技术专业的认识。通过网络课堂培养学生的自学能力，通过小组讨论、撰写参观报告和学业设计与职业规划等方式不断培养学生的口头表达能力和书面表达能力。

　　课程考核关注评价的多元性，结合提问、讨论、汇报、任务书完成、网络课堂答题、课程综合考评和学生互评等多种方式，完成本课程的考核。考核内容应包含过程考核及学习体会，过程考核包括学习表现、考勤情况；学习体会可包括学习心得（书面材料上交）、专业认知汇报（分组讨论与集中交流）、职业规划设计书（书面材料上交）等内容。

教学内容与学时分配

《专业认知与职业规划（新能源应用技术类）》课程学习内容划分与学时安排一览表

学习专题	学习内容	学时
1. 新能源行业感知	1.1 产业背景与行业发展趋势 1.2 行业发展影响因素与经济形势 1.3 行业主要岗位与职业规划道路 1.4 行业就业前景及成功人士启示	4
2. 新能源应用技术专业认知	2.1 高等职业教育及其特点 2.2 专业教育与通识教育 2.3 新能源应用技术专业与其他相关专业之间的关系 2.4 新能源应用技术专业人才培养目标与素质要求	4
3. 新能源应用技术专业学习	3.1 专业人才培养模式 3.2 专业课程体系 3.3 专业学习资源 3.4 专业学习原理与学习方法	4
4. 新能源应用技术专业见习	4.1 校内专业见习 4.2 校外专业见习	6
5. 职业规划	5.1 学业生涯规划 5.2 就业准备与职业选择 5.3 创业策略 5.4 职业规划设计	6
合 计		24

目　录

专题一 新能源行业感知

一、产业背景与行业发展趋势

能源是人类社会赖以生存与发展的基础，它是现代经济发展的重要支柱，同时也是国民经济发展的重要战略物资。能源的开发与利用极大地促进了人类社会与世界经济的进步与发展。在当今社会，能源的应用主要依赖于传统的化石能源，全球总能耗的74%来自煤炭、石油、天然气等矿物能源。传统能源的应用推动了社会的发展，但在享受能源所带来的各种利益的同时，也随之出现了一系列能源问题：能源短缺以及由能源过度消耗所引起的环境污染等严重威胁着人类的生存与发展。于是世界各国纷纷把发展可再生能源与新能源作为未来能源战略的重要组成部分，截止到目前，全球有三十多个发达国家和十几个发展中国家制定了本国的可再生能源发展目标[1]。

积极寻求开发新能源始于20世纪70年代，在此期间由于受两次石油危机的影响，西方发达国家加快了新能源开发、利用的步伐。步入21世纪以来，面对能源短缺、石油价格大幅攀升、全球气候变暖等日益严峻的形势，世界各国再一次掀起发展新能源的高潮。

与此同时，2008年爆发的国际金融危机对全球经济的影响并未完全消退；美国、欧盟等不断爆发债务危机。在此背景下，新能源产业的发展势必会成为经济增长的新突破口，带动全球经济发展的新一轮复苏。作为能源消耗大国的中国，要做到缓解经济发展、环境保护、能源消费之间的矛盾，就要转变经济发展方式，坚持走新型工业化道路，大力发展新能源产业，实现经济与社会的可持续发展。

新能源主要指的是太阳能、风能、核能、水能等清洁能源，其中太阳能发电，也就是光伏发电具有很大的发展优势。中国76%的国土光照充沛，光能资源分布较为均匀；与水电、风电、核电等相比，光伏发电没有任何污物排放和噪声，应用技术成熟，安全可靠。

1.新能源产业现状

目前，世界能源消费以化石能源为主。随着经济社会的不断发展，人类面临的化石能源短缺危机日益严峻；与此同时，人类大规模的开发利用化石能源，导致了严峻的气候变化、生态破坏等问题，严重威胁着人类社会的可持续生存与发展。在此背景下，许多国家和地区都将清洁、无污染的新能源和可再生能源纳入其能源发展战略，成为能源发展战略的重要组成部分，推动新能源和可再生能源发展，最终替代常规化石能源。

2005年2月16日，《京都议定书》的正式生效成为世界各国尤其是欧洲发展新能源和可再生能源的新动力。欧盟一些国家，如德国、西班牙等纷纷修订了新能源和可再生能源政策法规；与此同时，2005年8月，在美国出台的能源政策法案中也明确了支持可再生能源、发展新能源的内容；中国在2005年2月也颁布了《可再生能源法》，提出改善能源结构，保障能源安全，在新能源的开展、建设上取得了重大进步。时至今日，全世界有30多个发达国家和100多个发展中国家制订了全国可行性的能源战略发展计划。

中国能源消费已经位居世界第一，中国能源资源对外依存度逐年增加，为世界能源资源市场的发展提供了广阔的空间，同时给世界能源资源市场带来了巨大的影响。2012年，一次能源消费总量为36.2亿吨标准煤。中国高度重视优化能源消费结构，煤炭在一次能源消费中的比重由1980年的72.2%下降到2012年的66.6%，其他能源比重由27.8%上升到33.4%。其中可再生能源和核电比重由4.0%提高到9.4%。

中国工业节能与清洁生产协会、中国节能环保集团公司等机构共同编撰发布了《中国节能减排发展报告》。该报告对包括太阳能、风能、生物质能、核能在内的我国新兴能源产业现状数据进行了全面更新，除此之外，还对我国新兴能源产业现状进行了分析。

（1）光伏产业高速发展。在严峻的能源危机形势与生态破坏的压力下，在技术进步推动中，在政策法规的强有力保障下，光伏产业自20世纪90年代后半期进入了高速发展时期。光伏产业的快速发展得益于光伏自身具有的独特优势：首先，太阳能能源资源具有无限性；其次，光电过程中不需要消耗任何其他形式的自然资源；最后，光电的清洁性、安静性使其最具有可持续发展的理想特征。

步入21世纪后，太阳能光伏发电成本大幅下降，在政府相关政策的积极带动下，中国的光电市场进入了快速的发展历程，国家先后制订了"中国光明工程""西藏阿里光电计划""西藏无电县建设""送电到乡工程"等相关计划。在2009年，中国又接连启动了"光电建设""金太阳示范工程"、敦煌大型荒漠光伏电站招标等多个项目，通过这些项目的带动，中国新增光伏装机量的增长率都在100%以上。尤其是2011年国家颁布的上网电价补贴措施，有效地刺激了光伏应用市场的发展，使得2011年中国新增光伏装机容量增长近5倍，呈现爆发式增长。

随着光伏技术的进步和市场的迅猛发展，光伏产品供给能力（产能）也在迅速膨胀。2005年，晶体硅电池生产设备标准线的出现，是世上首条25MW级的生产线，使生产效率大大提升。

2010年和2011年，欧洲市场的大力需求[2]，再次刺激了资本对光伏产品供应环节的投入；2011年上半年，中国大陆大量民间资本再次涌入了光伏产品制造环节，使2011年和2012年光伏产品供给能力再次出现大幅度增长。

　　与此同时，2010年9月国务院发布了《关于加快培育和发展战略性新兴产业的决定》，制定了包括新能源产业在内的专项产业发展规划，明确指出了"开拓多元化的太阳能光伏光热发电市场"，以形成新的经济增长点。受政策驱使，全国各省普遍把战略性新兴产业作为推动当地GDP发展的核心动力，光伏产品以超强的吸引力而备受关注。

　　目前中国已成为全球最大的太阳能电池生产国。近年来，在全球光伏产业飞速发展的背景下，国内光伏产业产量尤其是太阳能电池生产量也在不断增加，截至2011年，中国太阳能电池产量达到21GW，同比增长一倍多。

　　但中国光伏产业各产业链环节的产能利用率较低，2008~2011年多晶硅产能利用率分别为28%、29%、60%、54.1%；太阳能电池产能利用率分别为50.9%、60%、58%、54.7%；组件的产能利用率分别为52%、52.7%、53.3%、53.3%。根据威廉·史蒂文森对企业产能利用率的解释：一般情况下，如果一个行业的产能利用率能够达到85%，那么就可以认为该行业的产能实现了充分利用；如果产能利用率明显低于79%，那么该行业就可能存在产能过剩，这样就有可能压抑企业投资的热情。从中国光伏产业各产业链环节的产能利用率数据可以看出，我国光伏产业链各主要环节的产能利用率都比较低，明显低于79%的水平。因此，从产能利用率的指标来看，我国光伏产业出现了产能过剩。产能过剩的直接后果就是相关产品价格的持续下降，据统计，2012年1月，多晶硅市场价格大约为31美元/kg，而到同年6月底，市场价格已经跌至约24美元/kg。光伏产品价格的持续下跌导致光伏企业利润急剧下滑，有的企业甚至出现了亏损。

　　虽然现在广大光伏企业经营困难、负债累累，但光伏市场并没有萎缩，而是仍然保持着持续高速增长的势态。各国政府也一直在积极推进光伏产业的发展：日本已经将光伏发电提升到新能源发展的首要位置；美国克林顿之后的几届政府尤其是奥巴马一直大力支持光伏产业，施瓦辛格还亲自为光伏做公益广告；虽然欧洲债务危机影响了经济发展，补贴下调，但是这几年的市场依然保持着增长态势。

　　据EPIA（欧洲光伏产业协会）的预测，2015年新增装机容量将达45~50GW，2011~2015年全球新增装机容量年度复合增长率将在20%以上。从光伏市场发展现状和趋势以及持续增长的产业价值来看，包括中国光伏产业在内的整个光伏产业现仍处于成长期。其一个明显的特征就是市场依然保持快速增长，虽然产品价格在下降，但是产业价值一直保持着较强的上升趋势。

　　（2）核电规模迅速扩大。中国是继美国、英国、法国、前苏联、加拿大和瑞典之后，世界上第七个能自主设计和建造核电站的国家，但报告评论称，我国核电的发展状况与核大国的地位极不相称。

　　由于核电产业发展存在潜在优势以及当时核电市场蓬勃发展的直接影响，1981年11月，国务院正式批准自主建设秦山核电站（30万千瓦压水堆原型电站），经过二十多年的不断发展，至2013年底，我国核电发电量和装机容量的比重分别为2.11%和1.19%，在拥有核电的国家中是很低的。2012年，我国核电发电量为980亿kW·h，仅占全国总发电量（4.85万亿kW·h）的1.97%，与全球核电发电量占总发电量的平均水平11%相比，仍有较大距离，我国核电仍有很大的发展空间。

国务院于2006年3月审议并原则通过了《核电中长期发展规划（2005~2020）》（以下简称《规划》）。该《规划》指出，积极推进核电产业的建设发展是国家重要的能源战略组成部分，核电产业的发展不仅可以满足由经济、社会发展而产生的不断增长的能源需求，还可以实现能源、经济、生态环境三者协调发展，最终提升国家的综合经济实力与工业技术水平，因此，发展核电产业具有重要意义。此外，国家的"十二五"规划也明确提出要积极发展核电产业，根据"十二五"发展规划要求，到2020年，中国已建和在建核电装机容量将达到8800万kW，这意味着，中国的核电产业发展从"适度发展"进入到了"积极发展"时期。

截至2014年3月，我国已建和在建核电装机容量约为4870万kW，而按照每台机组装机容量为100万kW推算，2020年前中国平均每年将有6台机组开工建设。根据上述规划，中国将迎来核电开工建设的高潮，高峰时段预计将同时在建约40台机组。

（3）风电装机容量全球第一。作为21世纪理想的替代能源，风能的开发与利用受到了世界各国的高度重视，从而发展迅速。目前，通过风力发电是风能利用的主要方式。由于风电技术的不断进步与风电应用规模的不断扩大，风电成本持续下降。在经济性方面，风电资源与常规能源已无明显差异。2011年，全世界对风电的投资达到500亿欧元。目前，风力发电在全世界电力来源中所占比例约为3%。根据世界风能协会和国际绿色和平组织预测：到2020年，风力发电产生的能源将占世界能源总量的12%；到2050年，将增至30%。

现今，世界上许多国家都在大规模发展风电产业，将其作为能源安全与保护环境的重要手段，风电产业的发展可以满足今后10~20年新增电力的需求，且其增长速度在很大程度上大大高于传统能源。

近年来，中国风电产业的发展取得了十足的进步。目前中国累计风电装机容量排名世界第一，2012年新增风电装机1296万kW，累计装机7532万kW，并网6230万kW，年发电量1004亿kW·h。

2013年，中国(不包括台湾地区)，新增装机容量16088.7MW，同比增长24.1%；累计装机容量91412.89MW，同比增长21.4%。新增装机和累计装机两项数据均居世界第一。

但是，清华大学教授、教育部科技委主任倪维斗表示，我国风电一哄而上的情形很突出。其实，风能发电成本较高，且有地域限制，目前在国内并没有得到推广。此外，风电企业大多依赖国家补贴，关键技术仍由国外引进。

（4）生物质能源资源不足。2010年，全国沼气发电容量为80万kW，预计2020年，将达到150万kW；2010年，垃圾焚烧发电装机量达到50万kW，预计到2020年，垃圾焚烧发电总装机量将达到200万kW以上。此外，截至2012年年底，全国共生产销售燃料乙醇2200万t，我国已成为全球第三大燃料乙醇生产国，仅次于巴西和美国。目前，全国有7家万吨级生物柴油生产企业，生物柴油年产量超过100万t。

但同时报告也指出，目前，我国生物质能源的发展面临一些瓶颈问题，包括生物质资源不足、品质不佳、收集困难、难于转化等。据厦门大学中国能源经济研究中心主任林伯强介绍，生物质能的利用比较零散，难以形成规模效应，预计未来几年所占比重仍不会太大。

2.新能源产业的发展前景

当前，中国经济社会刚刚进入工业化与城市化迅速发展时期。在未来相当长的一段时间内，中国仍会保持强劲的发展态势，产生大量的能源需求。自1978年改革开放后，中国经济已保持了30多年的高经济增长率。如果没有极其特殊的、不可抗拒性的因素，按照中国目前现代化战略部署，到2020年，中国人均国内生产总值（GDP）水平将比2000年增长4倍，达到当时世界发展中国家的平均水平；到2030年，中国人均GDP水平将比2000年增加将近10倍左右，进而成为新兴工业化国家，实现以工业化为重心的现代化；接下来持续发展下去，中国将成为后工业化时期的经济大国，至21世纪中叶进入中等发达国家行列。

近些年来，国内外众多研究机构都曾对中国未来能源资源消耗进行多次预测。2007年，国际能源署和中国科学院分别对中国未来能源资源消耗量与能源资源消费结构进行了预测。但是，不确定性的因素众多，中国的能源未来难以预测。中国经济的增长速度，就是影响中国能源资源未来需求的一个主要的不确定性因素。

时至今日，中国已经成为世界第一大能源消费国，同时作为世界上最大的二氧化碳排放国，尽管中国的人均排放水平仍只有美国的1/4、日本的1/2，中国将面临越来越大的国际压力。大力发展新能源产业，将是中国解决能源环境问题，履行对国际社会承诺的重要突破之一。

目前，煤电之争，太阳能、风能的发展都涉及价格或补贴问题，一旦理顺资源价格体系，将会促进能源特别是新能源的持续健康发展。国家能源委员会将牵头制定国家能源战略规划，以指导能源中长期开发建设，覆盖时间预计超过20年。国家能源战略规划将重点调整能源结构多元化发展，发展核能及生物质能源、水能、风能等。

"十二五"期间，中国把新能源产业列入了国家重点支持的七大领域之一，不但国家政策支持，各地方也制定了很多优惠政策鼓励企业发展新能源产业。2011年3月16日发布的《中华人民共和国国民经济和社会发展第十二个五年规划纲要》提出"大力发展节能环保、新一代信息技术、生物、高端装备制造、新能源、新材料、新能源汽车等战略性新兴产业。节能环保产业重点发展高效节能、先进环保、资源循环利用关键技术装备、产品和服务。""新能源产业重点发展新一代核能、太阳能热利用和光伏光热发电、风电技术装备、智能电网、生物质能。"据2011年3月权威部门消息，备受关注的新能源规划将最终定名为《新兴能源产业发展规划》。国家能源局、工业与信息化部等多个部委参与了这一规划的起草，经过多次修改和完善，目前该规划已通过国家发改委的审批，上报国务院。

业内人士认为，预计新能源发展规划出台后，未来十年我国新能源投资将达5万亿元。这一规划重点支持的领域集中在风能、太阳能、核能、生物质能、水能、煤炭的清洁化利用、智能电网七大方面。在具体实施路径、发展规模以及重大政策举措等方面，对新能源的开发利用和传统能源的升级变革进行了部署。根据规划，预计到2020年，中国新能源发电装机量2.9亿kW，约占总装机量的17%。其中，核电装机量将达到7000万kW，风电装机量接近1.5亿kW，太阳能发电装机量将达到2000万kW，生物质能发电装机量将达到3000万kW。据规划预计，新兴能源产业规划实施以后，到2020年将大大减缓对煤炭需求的过度依赖，能使当年的二氧化硫排放量减少约780万t，当年的二氧化碳排放量减少约12亿t。规划期累积直接增加投资5万亿元，每年增加产值1.5万亿元，增加社会就业岗位1500万个。可以预见，中国新能源产业的发展前景将十分广阔。

江苏新能源产业介绍

进入新世纪以来，江苏省新能源产业出现快速发展，光伏产业、风能产业、生物质能产业皆已崭露头角，产业竞争力显著提高。尽管受到2008年金融危机的冲击，新能源产业仍然保持了良好的发展势头。截至2009年3月，全省已建成新能源发电工程24个，形成生活垃圾日处理能力10300t、秸秆年处理能力181万t、风能资源发电能力64.225万kW的规模。目前，江苏省新能源企业至少有500家，投入资金超过300亿元。

江苏省光伏产业发展势头日趋强劲，产业规模居全国首位。初步形成了相对完整的产业链，全省形成了从高纯多晶硅、硅片、电池、组件、集成系统设备到光伏应用产品的较为完整的一条产业链，涌现了一批具有自主知识产权和自主品牌的重点骨干企业，8家光伏企业成功上市，近20家企业年产值超10亿元。呈现出上游企业有所发展、中游企业迅速壮大、下游企业不断涌现的特点，形成了"全国光伏看江苏"的格局。

江苏省风能制造产业具备一定规模和水平的风能机组制造能力、关键零部件制造能力和风电配套能力，已形成较强的集群优势。无锡、常州、镇江、南通、盐城等地主要生产年产100台以上兆瓦级风电整机；扬州主要生产小型家用风电整机；南京、无锡、盐城等地主要生产叶片、塔筒、法兰、轮毂、底盘、主轴、回转支承以及特种电缆、变压器等关键部件和配套产品。据不完全统计，全省有风电产业关联企业已达150多家，这些企业主要集中在南京、常州、无锡、南通、盐城等地区。全省风电整机制造能力达100万kW，风电装备成套机组制造企业数量居全国首位，风力发电机和高速齿轮箱、回转支承等关键零部件在国内市场占有率达50%。风力发电1.5兆瓦机组形成批量生产，2兆瓦机组试制成功，3兆瓦机组研制进展顺利。

生物质直燃锅炉、百万千瓦压水堆核电站核关键阀门等一批高新技术和产品填补国内空白，达到国际先进水平。

但是，江苏省新能源产业仍然存在一些问题和制约瓶颈：一是国内市场刚刚启动，国内需求对新能源产业的拉动作用有待提高；二是企业创新能力不足，产品成本偏高，影响新能源并网发电的推广应用；三是部分国产化设备质量、性能及技术水平与国外同类产品尚有差距，许多关键设备依赖进口；四是装备产业技术门槛较高，专业技术人才缺乏，制约产业发展。

应该看到，江苏省区位优势明显，产业基础较好，科教资源丰富，与全球经济技术合作密切，发展新能源产业的综合配套条件较为优越。世界各地对新能源发展重视程度日益提高，产业发展空间广阔。必须抓住历史机遇，采取切实有效措施，推动新能源产业健康快速发展。

3.新能源应用技术专业的发展

（1）新能源的分类及其含义。

①太阳能：太阳能一般指太阳光的辐射能量。太阳能的主要利用形式有太阳能的光热转换、光电转换以及光化学转换三种主要方式，广义上的太阳能是地球上许多能量的来源，如风能、化学能、水的势能等由太阳能导致或转化成的能量形式。利用太阳能的方法主要有：通过光电转换把太阳光中包含的能量转化为电能的太阳能电池；利用太阳光的热量加热水，并利用热水发电的太阳能热水器等。

②核能：核能是通过转化其质量从原子核释放的能量，符合阿尔伯特·爱因斯坦的方程 $E=mc^2$；其中 E 代表能量，m 代表质量，c 代表光速常量。

③海洋能：海洋能指蕴藏于海水中的各种新能源，包括潮汐能、波浪能、海流能、海水温差能、海水盐度差能等。这些新能源都具有可再生性和不污染环境等优点，是一项亟待开发利用的具有战略意义的新能源。据科学家推算，地球上波浪蕴藏的电能高达90万亿 kW·h。海上导航浮标和灯塔已经应用波浪发电机发出的电来照明，大型波浪发电机组也已问世。我国也在对波浪发电进行研究和试验，并制成了供航标灯使用的发电装置。据世界动力会议估计，到2020年，全世界潮汐发电量将达到1000亿～3000亿kW。世界上最大的潮汐发电站是法国北部英吉利海峡上的朗斯河口电站，发电能力为24万kW，已经工作了30多年。中国在浙江省建造了江厦潮汐电站，总容量达到3000kW。

④风能：风能是由于空气流动所形成的新能源。风能与其他能源相比，具有明显的优势：它蕴藏量大，是水能的10倍；分布广泛，永不枯竭；对交通不便、远离主干电网的岛屿及边远地区尤为重要。风力发电，是当代人利用风能最常见的形式，自19世纪末，丹麦研制风力发电机成功以来，人们认识到石油等能源会枯竭，才重视风能的发展。

⑤生物质能：生物质能来源于生物质，也是太阳能以化学能形式储存于生物中的一种新能源，它直接或间接地来源于植物的光合作用。生物质能是储存的太阳能，更是一种唯一可再生的碳源，可转化成常规的固态、液态或气态的燃料。地球上的生物质能资源较为丰富，而且是一种无害的新能源。地球每年经光合作用产生的物质有1730亿t，其中蕴含的能量相当于全世界能源消耗总量的10～20倍，但利用率不到3%。

⑥地热能：地球内部热源可来自重力分异、潮汐摩擦、化学反应和放射性元素衰变释放的能量等。放射性热能是地球主要热源。中国地热资源丰富，分布广泛，已有地热点5500处，地热田45个，地热资源总量约320万MW。

⑦氢能：氢能在众多新能源中，以其重量轻、无污染、热值高、应用面广等独特优点脱颖而出，势必成为21世纪的理想新能源。氢能可以作飞机、汽车的燃料，也可以用作推动火箭动力。

（2）新能源应用技术专业的主要研究方向。新能源应用技术专业主要分为三个方向，分别为太阳能光热技术，太阳能光伏发电技术和风力发电技术。此外，考虑风能和太阳能的互补优势，风光互补发电技术是新能源应用发展的另一重点方向。

①太阳能光热技术：太阳能光热技术是指将太阳辐射能转化为热能进行利用的技术。太

阳能光热技术的利用通常可分为直接利用和间接利用两种形式。常见的直接利用方式有利用太阳能空气集热器进行供暖或物料干燥，利用太阳能热水器提供生活热水，基于集热—储热原理的间接加热式被动太阳房和利用太阳能加热空气产生的热压增强建筑通风。目前技术比较成熟且应用比较广泛的是蔬菜温室大棚、中药材和果脯干燥及太阳能热水器等。其他几种技术还处于研究开发阶段，且由于一次性投资较大，要想走向市场和大范围推广尚需时日。太阳能间接利用的主要形式有太阳能吸收式制冷、太阳能吸附式制冷和太阳能喷射制冷。但目前也还处于研究阶段，有的仅仅制造出了样机，尚未形成定型产品和批量生产。太阳能光热技术今后研究趋势包括集热器材料设计，如何能更充分地吸收利用太阳能，是今后的研究重点；光热系统的设计，研究在哪些领域还可以更好地利用太阳能光热系统，系统如何设计更加合理。

②太阳能发电技术：太阳能光伏发电系统分为离网型和并网型两种。离网型光伏发电系统由太阳能电池板、逆变器、控制器和蓄电池组成，如图1-1（a）所示。太阳能电池板负责将光能转换成直流电能，再由逆变器将直流电能转换成负载需要的交流电能。如果太阳能电池板产生的电能对负载供电有剩余，这时可以将直流电能储存在蓄电池中，在电池板对负载供电不足时，蓄电池放电，也经逆变器转换成交流电能供负载使用。逆变器起到对电能的协调控制作用，决定何时充电、放电，并控制电池板输出的电压值。并网型光伏发电系统由太阳能电池板、逆变器组成，如图1-1（b）所示。逆变器将太阳能电池板所发的直流电能转换成跟电网电压同频、同相、同幅的交流电能信号。相对于离网型光伏系统而言，并网型光伏系统无需蓄电池储能，逆变器本身具有控制器的保护功能，并且可以进行孤岛检测和太阳能电池板的最大功率跟踪。

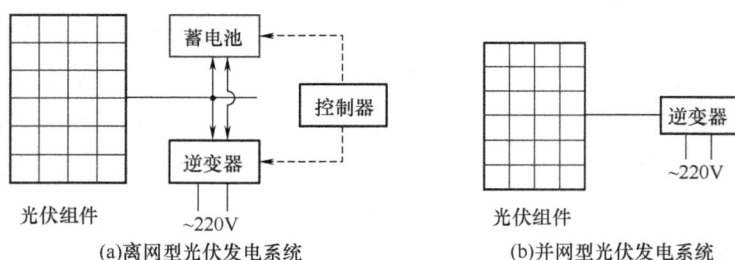

(a)离网型光伏发电系统　　　　　(b)并网型光伏发电系统

图1-1　太阳能光伏发电系统示意图

在太阳能光伏发电系统中，需要考虑如何能够提高太阳能电池板的转换效率。目前太阳能电池板分为单晶硅电池、多晶硅电池和薄膜电池三种类型，单晶硅太阳能电池转换效率最高可达24.7%，多晶硅太阳能电池转换效率最高可达19.8%，薄膜太阳能电池转换效率最高可达18.8%。此外，太阳能电池板的使用寿命和如何降低生产成本也是研究的重点，一个寿命短暂的电池板，不仅使发电成本增加，对系统的稳定性也会造成影响，而降低太阳能电池的生产成本有利于太阳能发电技术的有效推广。目前，国外先进的逆变器转换效率为97%左右，国内生产的逆变器实际转换效率一般在95%左右，怎样提高逆变器的转换效率，减小开关损耗，是今后研究的另一重点。逆变器输出的交流电能含有谐波成分，对于并网逆变器而言会造成对电网的污染，因此，考虑如何更好地跟踪电网电量信号，减少逆变器输出谐波，也是研究的重点之一。蓄电池的快速充电技术也是今后研究的重点，如何能快速充电而不损害蓄电池的性能和寿命，是人们关注的热门研究课题。

③风力发电技术：风力发电的基本工作原理是：首先风力机吸收风能，将其转变为机械能然后通过增速齿轮箱，将机械能传递给发电机，最后发电机将机械能转化为电能。风力发电机组一般由风轮、增速齿轮箱、发电机、偏航系统、刹车系统、控制系统及塔架等几大部分组成，如图1-2所示。风轮是把风能转化为机械能的部件，它是风力机的主要动力部件。

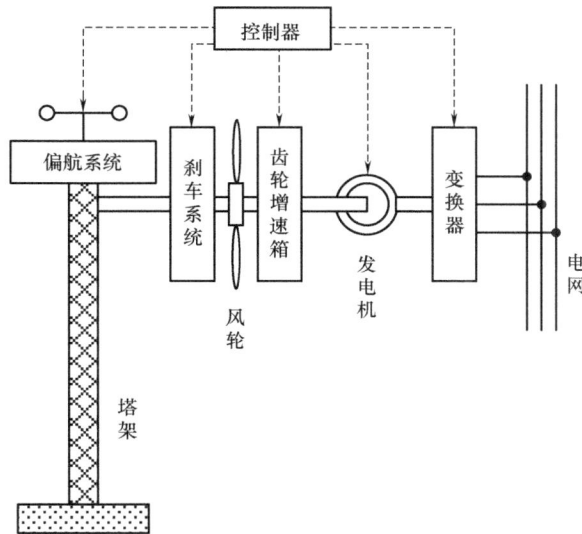

图1-2 风力发电系统示意图

增速齿轮箱有两个主要功能，首先是将风轮吸收的风能传递给发电机，其次是使桨叶的转速达到发电机所需的同步转速。因为要使风轮的转速达到发电机的同步转速需要十分大的风速，所以为了在低风速时使风轮转速能与发电机转速相匹配，驱动发电机发电，我们在风轮与发电机之间安装一个增速齿轮箱，增速箱的低速轴接桨叶，高速轴接发电机。发电机是用来把风轮吸收的风能转化为电能，它不仅直接影响整个系统的性能、效率和供电质量，而且也影响到风能吸收装置的运行方式、效率和结构。为了使风轮获得最大风能利用因数，偏航系统根据风向标采集的风向信号，来确定风向；然后根据测得的风向信息驱动偏航马达，从而改变机舱对准方向。为防止机舱因为对风偏航，朝同一方向偏转多圈而导致连接机舱和塔下控制设备的电缆扭断，偏航系统在必要时要进行展开电缆和解缆控制。刹车系统在如风速过大、紧急偏航等紧急状况下，可以让风力机停止转动来防止风力发电设备的损坏。风力发电控制系统由偏航控制系统、变桨距控制系统、液压系统、传动系统以及温控系统组成。风力发电控制系统根据这些子控制系统所输出的信号，分析这些信号，了解风电机组的运行状态，采取相应的控制措施。风力发电控制系统的控制目标是使风电机组获取能量最大化，使风电系统运行稳定，保护风电机组的安全运行。塔架是起支撑作用的，它使风力发电机组能在一个风况较好的高度中运行。风力发电技术的发展变化主要体现在功率调节技术、发电方式以及并网方式等方面。其中，功率调节技术由定桨距向变桨距转变，发电方式由恒速恒频向变速恒频转变，并网方式由早期的异步发电机并网系统、同步发电机并网系统发展到现在的交流双馈并网系统、永磁直驱风力发电系统。

④风光互补发电技术：风力发电和太阳能光伏发电有着资源广泛、无污染、可再生等优点，但是其利用又有着局限性，如受天气影响而变化，不稳定，受地形影响大，地区差异显著等。因此，人们开始使用风能与太阳能互补发电。风能与太阳能的结合有着天然优势，一般白天风小、太阳辐射大，夜晚风大、太阳辐射小，夏季风小、太阳辐射大，冬季风大、太阳辐射小，晴天风小，雨天风大。风能和太阳能在时间和季节上如此吻合的互补性，决定了风光互补结合后发电系统可靠性更高、更具有实用价值的特点。因此，风光互补发电系统的出现可以很好地弥补太阳能和风能提供能量间歇性和随机性的缺陷，实现不间断供电。风光互补发电又可分为离网型和并网型两种，两种分类异同与

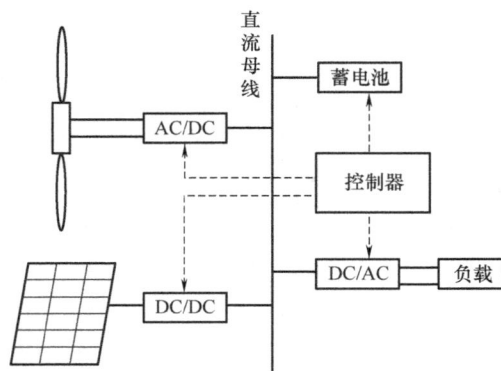

图1-3　风光互补发电系统示意图

光伏发电系统类似。图1-3为离网型风光互补发电系统。风光互补发电系统由风力发电机、整流器、光伏阵列、DC/DC功率变换器、蓄电池、逆变器、控制器及交直流多用户负载等组成。其运行机理如下：风力发电系统产生与风速成一定关系的交流电，经整流变成直流电，送入直流母线，光伏发电系统将光能转换成直流电，通过DC/DC变换器输送到直流母线，对负载供电有剩余时给蓄电池充电，当风力发电机和光伏电池输出电能不足以满足负载要求时，则由蓄电池向其供电。控制器实现最大功率跟踪、蓄电池的充放电及保护显示等功能。并网型与离网型稍有不同，无需蓄电池，将负载变为电网。风光互补发电除了研究风力发电和光伏发电的技术热点问题外，还需考虑系统设计问题，如根据某地区客户要求，设计一套风光互补发电系统，需要研究该地区年平均光照时间和风量，计算光伏电池的安装容量和风机容量，确定最优比例，另外电能的分布式控制也是研究的热点问题。

二、行业发展影响因素与经济形势

1.行业发展影响因素

影响新能源行业发展的因素较多，其中政府决策、资源储备和当前能源消费结构的相对影响较大。

（1）政府决策影响。

①法律法规：新能源行业发展受到政府决策的影响。近年，各国政府对环境重视程度逐渐提高，全球50多个国家颁布了支持新能源和可再生能源发展的相关法律法规，我国在2005年2月28日全国人大常务委员会上审议并通过了第一部支持可再生能源发展的法律——《中华人民共和国可再生能源法》，为我国制定和实施新能源经济的相关政策提供了法律依据。此后，国务院、发改委等相关部门陆续颁布了20多项各种规章制度及法律法规，有效推动了我国新能源的发展。可再生能源立法进展具体情况见表1-1。

表1-1　中国可再生能源立法进展具体情况

时间	法律、法规、部门规章	制定部门	文号
2005年2月28日	《中华人民共和国可再生能源法》	全国人大常委会	中华人民共和国主席令第33号
2005年8月9日	《风电场工程建设用地和环境保护管理暂行办法》	国家发改委 国土资源部 国家环保总局	发改能源〔2005〕1511号
2005年11月29日	《可再生能源产业发展指导目录》	国家发改委	发改能源〔2005〕2517号
2006年1月4日	《可再生能源发电价格和费用分摊管理试行办法》	国家发改委	发改价格〔2006〕7号
2006年1月5日	《可再生能源发电有关管理规定》	国家发改委	发改价格〔2006〕13号
2007年1月11日	《可再生能源电价附加收入调配暂行办法》	国家发改委	发改价格〔2007〕44号
2007年4月11日	能源发展"十一五"规划	国家发改委	—
2007年7月25日	电网企业全额收购可再生能源电量监管办法	国家电监会	电监会25号令
2007年10月28日	中华人民共和国节约能源法（修订）	全国人大常委会	主席令第17号
2008年3月18日	可再生能源发展"十一五"规划	国家发改委	发改能源〔2008〕610号
2008年8月25日	《中华人民共和国节约能源法》	国家发改委科技部 工业和信息化部	发改环资〔2008〕2306号

②政策条例：《中华人民共和国可再生能源法》为我国搭建起一套有中国特色的可再生能源政策体系，涵盖了可再生能源总量目标与规划政策、可再生能源标准与市场准入政策、可再生能源定价与价差分摊政策、可再生能源发展专项财政资金、财税与金融支持、技术研发、信息收集与传播、农村地区可再生能源技术推广、可再生能源稽核政策和政府部门职能与责任。它体现了发展可再生能源坚持"目标引导、国家扶植、市场拉动、技术创新、企业竞争、公众参与"的战略思路，以下着重介绍总量目标政策、费用分摊政策及专项资金政策。

a. 总量目标政策：总量目标政策是《可再生能源法》的核心和关键，是国家用法律的形式对可再生能源市场份额做出的强制性规定[3]。总量目标政策的实施，为大规模开发利用可再生能源指明了方向，同时也明确了政府责任与公民利用可再生能源的责任和义务。由于可再生能源的开发利用不可能只依靠市场作用，政府的鼓励推动也非常重要，政府的主要手段是提出一个阶段性的发展目标。由此可见，采用总量目标政策，不仅可以引导投资，而且为可再生能源的健康稳定发展奠定了基础。

b. 费用分摊政策：费用分摊政策的核心将落实公民义务与国家责任结合，要求各个地区的电力消费者相对公平地承担发展可再生能源的额外费用，促进可再生能源的大规模发展。受政策与成本制约，我国可再生能源产业尚处于发展初级阶段，目前还难以与煤炭等传统能源发电技术相竞争，同时由于我国可再生能源空间上分布的不均匀，且可再生能源成本电价较高，如果由当地居民或企业承担，必将制约人们利用可再生能源的积极性，因此，可再生能源的开发利用不仅有利于某个区域或国家，而且是造福于人类的事业。

c. 专项资金政策：资金支持是可再生能源持续发展的有效保障，为解决可再生能源发展中的资金问题提供了有效渠道。由于可再生能源处于商业化初期，目前存在风险大、回报率低等问题，专项资金政策的实施，为可再生能源发展提供了动力因素及资金支持。《可再生能源法》要求中央和地方两级财政设立可再生能源专项资金，专门用于分摊政策无法涵盖的可再生能源开发利用项目的补贴、补助和其他形式的资金支持。

③激励政策：

a. 税收激励政策：我国通过增值税、消费税、企业所得税等优惠政策推动行业发展，虽有部分政策出台，但尚未形成完善的税收优惠体系。中国主要税收优惠政策见表1-2。

表1-2　中国主要税收优惠政策表

种类	主要优惠政策
增值税	生物质能增值税全额退回
消费税	燃料乙醇消费税全额退回
所得税	西部相关企业降至15%

b. 财政激励政策：财政政策是政府扶植企业发展，引导行业发展方向的有效手段，近年来，发改委、财政部等联合颁布了大量的政策条例，向新能源行业注入了大量的资金，用于推动行业的市场化。中国财政补贴政策进展情况见表1-3。

表1-3　中国财政补贴政策进展情况 [4]

制定部门	财政补贴政策	发文时间	主要内容及目的
发改委	《可再生能源发电价格和费用分摊管理试行办法》	2006年1月	明确了可再生能源发电上网电价构成，列出国家补贴幅度，对可再生能源发电价格实行标杆电价加补贴电价的方式
财政部	《风力发电设备产业化专项资金管理暂行办法》	2008年8月	安排专项资金支持风力发电设备产业化

制定部门	财政补贴政策	发文时间	主要内容及目的
财政部、住房和城乡建设部	《关于加快推进太阳能光电建筑应用的实施意见》	2009年3月	中央财政安排专门资金，对符合条件的光电建筑应用示范工程予以补助，以部分弥补光电应用的初始投入
财政部	《太阳能光电建筑应用财政补助资金管理暂行办法》	2009年3月	补助标准原则上定为20元/Wp（峰瓦）
财政部	《金太阳示范工程财政补助资金管理暂行办法》	2009年7月	重点支持光伏发电站项目的发展，办法指出，对并网光伏发电项目系统给予50%、独立发电系统给予70%的补贴
财政部、科技部、工业和信息化部、发改委	《关于开展私人购买新能源汽车补贴试点的通知》	2010年5月	确定在上海、长春、深圳、杭州、合肥5个城市启动私人购买新能源汽车补贴试点工作

　　c. 金融扶持政策：在新能源领域，政府可投入的资金总量有限，行业发展仍面临资金短缺的问题，金融支持尤为重要。政府通过金融杠杆，将大量的优势资源集中到新能源领域。财政部门通过信贷贴息鼓励银行业增加对新能源领域的贷款支持力度：1987年我国政府设立农村能源专项贴息贷款专门用于农村太阳能、风能、沼气工程的开发和创新；1996年开始中央财政给予了新能源企业50%的贷款贴息政策。小型水电建设也有一定程度的贴息优惠。

　　（2）资源储备分布的影响。新能源行业发展受到资源储备的制约。从资源储备利用角度看，我国有着充足的风能、太阳能、生物质能等资源。

　　①风能：我国的风力资源丰富，风能被开发和利用的潜力巨大。我国有两大风带，风力资源集中于此：一是"三北地区"，即东北、华北和西北；二是东部沿海地区的陆地、岛屿以及近岸海域。另外，在内陆西部局部地区风力资源也较为丰富。据中国工程院数据显示，我国可开发的风能装机总量（包括陆上和海上风电）为7亿～12亿kW，其中陆地风能装机量能达到6亿～10亿kW，海上风能装机量能达到1亿～2亿kW。在未来的能源结构中，风电具有丰富资源基础成为其重要组成部分。

　　20世纪80年代，我国开始发展风力发电，进入新世纪后，我国的风力发电有了跨越式的发展。2000～2008年，中国的风电装机量累计从340MW增加到12GW。2009年，我国（除台湾地区外）新增装机容量达1380万kW，增长速度居世界第一位，全国（除台湾地区外）累计风电装机容量为2580万kW，居世界第二位[5]（图1-4）。同时，我国采取了"建设大基地、融入大电网"的发展模式，兴建了大型风电场。我国首座千万千瓦级风电示范基地已在酒泉建成。2010年2月，上海东海大桥10万千瓦海上风电场全部完成风机安装，这是我国首座也是亚洲首座大型海上风场。我国的风电开发已初具规模，随着生产规模的扩大，生产及维护成本将大幅降低。为鼓励风电的发展，提高我国风电机组装备企业的竞争力，我国也出台了部分政府政策法规以促进风电设备国产化比例的提高。

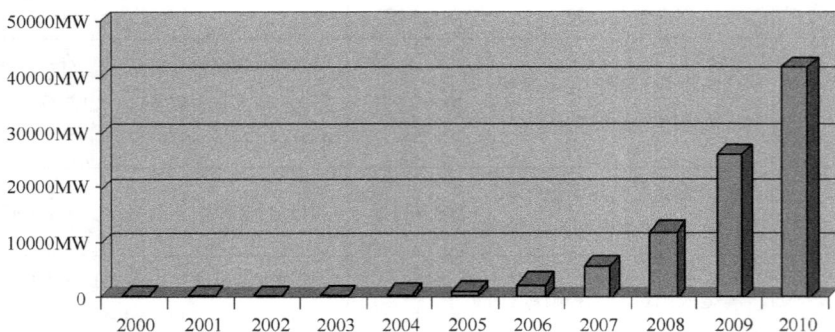

图1-4　中国风机总装机量

　　我国风能不仅发展迅速，其发展前景也十分广阔。根据有关机构预测：到了2020年，中国的风电装机容量将分别达到1亿kW、1.5亿kW和2亿kW的规模；同时，风电在能源消费总量中的比重将分别达到1.6%、2.5%和3.3%。在《可再生能源中长期规划》中制定的目标为：到2020年，我国非化石能源消费在一次能源消费总量中的比重达到15%，风电的发展将是发展可再生能源的重要方向。

　　②太阳能：由于太阳能用之不尽，取之不竭，所以也是可再生能源中最具发展潜力的新能源。我国超过国土面积的90%的地区都属于太阳能资源富裕地区，其中西部地区太阳辐射总量大，地理位置好，而其他地区（除四川盆地外）的太阳能资源比较丰富。目前太阳能主要在两个方面进行开发与利用：一方面是太阳能的热利用，典型的例子就是太阳能热水器，除此之外，太阳能热利用的形式还包括太阳能供热、采暖、太阳灶等。除了以上形式，在建筑物上也可利用太阳的光和热，如安装巨型的向南窗户或使用特殊的建筑材料能够吸收热能或者此种材料对于太阳能热力释放缓慢。在太阳能热利用上，我国所掌握的技术较为成熟，特别是太阳能热水器，目前在我国已拥有真空管、平板型和闷晒型三种技术的自主知识产权。同时，我国在太阳能集热器的生产和使用上所占的世界份额最大。2012年我国太阳能热水器的生产能力达到每年4968万m^2，我国拥有太阳能热水器总集热面积累计约1.3亿m^2，增长十分迅速。另一方面是太阳能光伏发电，典型的应用包括太阳能电池和太阳能光伏电站。2008年，我国的太阳能电池产量首次成为世界第一，达到了2GW。与此同时，我国光伏发电的建设也迈出重要步伐，大型太阳能光伏电站开始建设，以敦煌10MW太阳能光伏特许权项目招标为首例，带动了全国光伏电站的发展。宁夏已建成4座10MW的大型光伏电站，"金太阳"工程已全面启动，已确定光伏发电建设规模为$60×10^4$kW，在2011～2012年相继建成投产。

　　虽然我国太阳能发展呈爆炸式，但是也存在诸多问题。我国的太阳能热利用主要集中在太阳能热水器的使用上，然而在其他技术应用领域上并未突破。我国太阳能光伏电池的产量很高，但是国内太阳能市场并不发达，近几年我国在太阳能光伏电池的安装量上迅猛增长。2013年，我国国内太阳能光伏新增安装量达到12GW，光伏新增装机量排名世界第一。2013

年，就新增光伏装机而言，中国，日本和美国成为世界上最大的三个市场。德国，这个多年来的老大，去年仅位居第四。太阳能行业研究总监Jenny Chase表示："2013年中国光伏新增装机量显示了这个国家令人震惊的发展速度和规模，如今，这个昔日沉睡的巨龙已经苏醒。光伏装机变得更加便宜和容易，中国政府和之前的欧洲各国政府一样发现在激励政策的作用下，光伏可以多么快速地得到应用。"

③生物质能：我国生物质能资源不仅种类丰富，总量也十分充裕，理论上生物质能资源达到50亿t左右标准煤，约为我国当前能源消耗总量的4倍。当前我国生物质能的主要开发利用方式有生物燃料、生物质发电、生物沼气和生物质成型燃料。我国的生物质能主要用于发电和制热，相比之下，欧美国家主要将生物质能用于生产生物燃料。

生物燃料的形式包括燃料乙醇和生物柴油，2008年底，我国的乙醇汽油消费量已达到全国汽油总消费量的20%，预计到2018年，我国对燃料乙醇的需求量将达到500万～600万吨/年，乙醇产业在我国的发展空间和前景广阔。生物柴油作为一种优质的生物液体燃料，生产量增幅巨大。2009年初，我国的生物柴油生产总量约为210万t，或者41万桶/天（kb/d），而2008年生物柴油的产量仅为6kb/d，利用率远低于20%。根据国家发改委制订的相应目标，到了2020年我国的燃料乙醇的使用量为218kb/d，生物柴油的使用量将达到40kb/d。

在我国，生物沼气是生物质能源中最早发展，推广最为普遍的一种形式。沼气的开发利用有利于解决中国广大农村地区的能源供给与使用问题。当前我国对沼气的利用从传统的点灯做饭扩展到区域集中供气与沼气发电，并形成了以沼气为枢纽的农业循环经济模式，将种植业、养殖业与沼气结合起来，进行综合循环开发与利用。

生物质发电的主要形式包括生物质直接燃烧发电和气化发电、沼气发电。我国对生物质发电的运用还处于初期阶段，至2008年年底，中国运行的生物质发电量达到3GW。根据《可再生能源"十一五"规划》所提出的目标，至2020年，我国的生物质发电总装机容量达到30GW时，则可以替代超过6000万t标准煤的化石能源。生物质成型燃料的工作原理是化零为整，将零散的生物质燃料收集、粉碎、烘干后，送入特制的成型机，在一定的温度和压力的作用下，将这些燃料压制成棒状或块状的固体燃料。我国从80年代开始重视研究和开发生物质成型燃料的压缩成型技术，当前，我国已在螺旋挤压成型和液压压辊式成型等技术上取得了丰硕的成果。

发展生物质能所存在的问题主要集中于原料的收集和生产成本控制上。我国的生物质能资源密集度不高，然而分布十分广泛，由此带来的收集成本较高。常见的生物质原料如秸秆、有机废物、林业生产废弃物等从东北至西南分布，范围极广。生物质能的生产成本高，以生物乙醇为例，为保护粮食安全，我国禁止生产粮食乙醇，而利用纤维素和秸秆等生产生物乙醇的成本较高，再加上我国生物质能原材料价格体系的不完善，使得生物质能的发展迟迟上不了轨道。

（3）能源消费结构影响。新能源行业发展与能源消费结构有一定关系。从能源消费结构看，我国对新能源的利用还有待进一步发展。2012年，国内一次性能源消费结构中，煤炭占66.6%，石油占18.8%，天然气占5.2%，非化石能源即可再生能源消费比重上升到9.4%。我国的能源结构，特别是电力结构在新能源快速发展的带动下继续优化，火电比重下降，新能源比重上升。至2012年底，全国火电装机量达7.65亿kW，比上年增长7.5%，约占全国电力总装机的74.6%；水电装机量达2.49亿kW，增长8.3%；风电并网装机达到6300万kW，光伏发电超过650万kW；光伏发电呈现爆发式增长，2013年全年安装量达到12GW，光伏新增装机量排名世界第一。

中国在发展风能和光伏发电领域已经取得非常大的进展，在多个领域世界排名第一。目前，我国太阳能制造能力和太阳能利用面积已经达到世界第一，风电连续几年成倍增长，2012年新增风力装机1200多万kW，居世界第一，其次是美国和德国。从累计装机量来看，位于美国、德国之后，排名第三。目前，各地发展新能源产业的热情依然高涨，发展新能源产业已经成为其转变发展方式、调整能源结构的重要选择。2010年，政府将"新能源"行业作为"十二五"规划强调大力发展的七大新兴产业之一。因此，可以预计，未来我国新能源产业发展将处于快速发展阶段。

2. 经济形势

（1）我国新能源经济发展的紧迫性。中国人口总数已超过13亿，世界排名第一。改革开放前经济发展缓慢，能源需求相对较低，随着近年我国经济规模总量快速增长，能源需求急速攀升。虽然中国能源储量丰富，能源总产量位居世界第三位，但是能源消耗量已攀升至第二位，我国已从过去的一个能源净出口国转为一个能源净进口国，能源对外依存度不断上升，能源将成为制约我国经济稳定增长的重要因素。虽然我国能源储量位居世界前列，但由于人口基数大，人均储量排名世界末位，能源供给方面存在巨大的隐患。据统计，我国煤炭资源人均占有量仅为世界平均值的60%，石油资源人均占有量仅为世界平均值的6.6%，天然气人均占有量仅为世界平均值的6.69%，能源状况十分恶劣。

我国仍处于工业化初级阶段，依靠大规模的能源消耗拉动经济高速增长，是一种粗放式发展模式，造成了严重的环境破坏。2009年，我国二氧化碳排放量超过美国，列世界首位。二氧化硫过度排放，国内40%的土地受到酸雨污染，土壤、湖泊、河流酸化，水生生态系统与陆地生态系统受到破坏。酸雨会抑制有机物的分解和氮的固定，淋洗钙、镁、钾等营养元素，使土壤贫瘠化。酸雨会损害植物新生的叶芽，影响其生长发育，导致森林生态系统的退化。用新能源替代传统能源，不仅是一个经济问题，更是一个社会问题和人类的健康问题。

我国新能源领域可开发潜力巨大。我国地势多高原，太阳能资源丰富，国土面积的96%适宜发展太阳能，2/3的国土日照总时长超过2200h；我国已探明地热矿达4000余处，总储量大于4600亿t标准煤；可开发风能资源总量超过13亿kW，现有的技术水平可开发陆地风能资源总量约为3万亿kW·h；我国地势西高东低，水电丰富，可开发水电总量约为5万亿kW·h；仅农作物收割后的剩余残留物便可提取5亿t煤的能量。

（2）新能源经济发展趋势。"十二五"期间，中国把新能源产业列入了国家重点支持的七大领域之一，不但国家政策支持，各地方也制定了很多优惠政策鼓励企业发展新能源产业。2011年3月16日发布的《中华人民共和国国民经济和社会发展第十二个五年规划纲要》提出"大力发展节能环保、新一代信息技术、生物、高端装备制造、新能源、新材料、新能源汽车等战略性新兴产业。节能环保产业重点发展高效节能、先进环保、资源循环利用关键技术装备、产品和服务。""新能源产业重点发展新一代核能、太阳能热利用和光伏光热发电、风电技术装备、智能电网、生物质能。"据2011年3月权威部门消息，备受关注的新能源规划最终定名为《新兴能源产业发展规划》。国家能源局、工业与信息化部等多个部委参与了这一规划的起草，经过多次修改和完善，目前该规划已通过国家发改委的审批，上报国务院。

业内人士认为，预计新能源发展规划出台后，未来十年我国新能源投资将达5万亿元。这一规划重点支持的领域集中在风能、太阳能、核能、生物质能、水能、煤炭的清洁化利用、智能电网七大方面。在具体实施路径、发展规模以及重大政策举措等方面，对新能源的开发利用和传统能源的升级变革进行了部署。根据规划，预计到2020年，中国新能源发电装机2.9亿kW，约占总装机的17%。其中，核电装机将达到7000万kW，风电装机接近1.5亿kW，太阳能发电装机将达到2000万kW，生物质能发电装机将达到3000万kW。据规划预计，《新兴能源产业发展规划》实施以后，到2020年将大大减缓对煤炭能源的过度依赖，能使当年的二氧化硫排放减少约780万t，当年的二氧化碳排放减少约12亿t。规划期累计直接增加投资5万亿元，每年增加产值1.5万亿元，增加社会就业岗位1500万个。可以预见，中国新能源产业的发展前景将十分广阔。

三、行业主要岗位与职业规划道路

1.职业规划

职业道路成长的第一步就是职业选择，职业选择正确与否，直接关系到人生事业的成败。据统计，在选错职业的人当中，有80%的人在事业上是失败者。由此可见，职业选择对人生事业发展是何等重要。如何才能正确地选择职业呢？至少应考虑以下几点。

①紧跟社会发展的步伐：人，首先是社会的人，离不开社会。保持个人职业发展规划同社会发展规划一致，紧跟社会发展的步伐，是职业规划不偏离社会前进总方向的前提，也是职业规划得到实现的基本保证。

②结合自身特点：需要考量自身的性格特征进行考虑，主要包括合群性、责任意识、情绪控制、进取性、自律性、自信性、灵活性、耐心、韧力、包容性、自主性、自我匹配等；也要注重能力与职业的匹配，包括一般能力（语言能力、数学运算、逻辑判断、资料分析、机械推理、空间关系方面的能力）与核心能力（沟通能力、创新能力、学习能力、问题解决能力、合作能力、信息处理能力和管理能力）。

③内外环境与职业的匹配：假设的职业岗位其内外环境要与自己相适应并最佳地发挥自己的才智。个人所学专业与特长和职业岗位要匹配一致。

④职业生涯目标的设定。职业生涯目标的设定，是职业生涯规划的核心。一个人事业的成败，很大程度上取决于其有无正确适当的目标。目标的设定，是在继职业选择、职业生涯路线的选择后，对人身目标的抉择。其抉择是以自己的最佳才能、最优性格、最大兴趣、最有利的环境等信息为依据，通常目标分为短期、中期、长期、人生目标，短期目标一般为

1～2年，中期目标一般为3～5年，长期目标一般为5～10年。

2.主要岗位

新能源应用技术专业毕业生主要面向太阳能光伏企业、风力发电企业、太阳能光热企业、节能建筑类企业等从事光伏组件、风机产品生产与技术管理，控制器、逆变器等产品开发与设计，光伏、光热、风电系统的使用与维护等实际工作。

该专业毕业生的职业生涯初期可胜任风力发电、太阳能发电或太阳能光热应用等相关企业设备操作、产品检测与维修、设备保养与维护、品质控制、工艺设计、产品售后技术服务等岗位。毕业2～3年后，经过一线锻炼，已能充分掌握相关产品的工作原理、工艺要求，则可进行相关电子产品的设计，如控制器、逆变器的设计等。毕业3～5年后，可对光热、风力发电、光伏发电、风光互补发电进行系统设计；根据客户要求和地区特点，进行方案确定、元件选型、系统安装、调试、维护的指导与管理工作。毕业10年以后，能胜任风力或太阳能发电、太阳能光热设备制造企业生产、技术、品质、销售等中高级管理岗位。

四、行业就业前景及成功人士启示

1.就业前景分析

随着针对气候变化采取行动的时间日益紧迫，世界步入一个建设全球低碳经济的未知领域。对新能源行业的追求将成为重要的经济驱动力，有眼光的企业家在气候防护涉及在新技术、设备、建筑和基础设施方面进行大规模投资，这将会刺激产生出新的就业机会。截至2012年底，我国风电、太阳能并网发电装机分别达到6083万kW和328万kW。

新能源行业就业的数量不断上升，保守估计，目前全世界新能源及其支持行业的雇佣人数约为230万。其中，风电行业雇佣了约30万人，太阳能光电领域雇佣了约17万人，太阳热能行业的雇佣人数超过了60万（中国是太阳热能系统的领先生产国，但是中国较低的劳动生产率导致这个数字相对较高）。一些已经变成污染地带的工业区正在从风能和太阳能的发展中获得新的活力，如美国中西部的一些地区和德国的鲁尔谷。农民在土地上安装风力涡轮机以后，农村地区获得了额外收入。安装、操作和保养维护可再生能源系统提供了额外的工作。风能和太阳能都面临着持续的快速扩张，在良好的投资预期下，全世界风能领域的雇佣人数预计会在2030年达到210万，太阳光电行业的雇佣人数可能会高达630万。

在北京、上海、广州与深圳最近举办的几次大型企业招聘会上，新能源企业的人才招聘表现活跃，供需双方的热情都很高，且太阳能领域的高端人才需求逐渐显现，超过半数的新能源企业对该领域都有用人需求。同时，招聘会也透露出风能领域的技术应用人才较为匮乏，急需招聘求职者的企业展台前乏人问津，与整个招聘会现场的气氛形成鲜明对比。这些招聘现象折射出的仅仅是新能源行业技术人才供应匮乏的冰山一角。一项权威调查表明，我国目前一些重点理工大学的教学资源优势还未完全在新能源领域释放出来，风电、太阳能光伏发电、太阳能光热专业等领域的课程开设较少，在新能源专业设置和科研人才培养方面还远远落后于市场需求。

而纵观新能源产业较为发达的国家，都非常注重能源科研方面的人才培养与投入，鼓励新能源全民教育从基础抓起，在中、小学开设新能源教育课，对中、小学生进行环保和节能教育，尤其是利用太阳能、风能及生物能源等方面的知识教育。

目前，国内从事新能源行业的人员一般都是原从事半导体行业、电力电子行业或自动化行业，后因新能源行业的广阔前景和良好的就业环境而转行的，其专业背景不强，缺乏系统的理论知识，制约了我国新能源产业的进一步发展和行业创新能力的提升。相比于国内兄弟院校，我校开设的新能源专业起步较早，起点较高，设定了太阳能光热、太阳能光伏发电、风力发电和风光互补发电等几个重点研究方向，得到了省教育厅和学校领导的高度重视，成立了江苏省风光互补发电工程技术研究开发中心，学校投资500多万用于新能源教学设备的采购和科研开发，大大提高了我校新能源专业的办学力量和科研水平。相信我校新能源专业毕业生的就业前景将会一片光明。

2.成功人士启示

（1）朱共山。

朱共山（图1-5）于1958年2月出生在苏北阜宁县东沟镇农村，在家排行老三。他的发家史在家乡近乎被神化。1978年，朱共山在阜宁打拼先后做过不少普通工作，包括售货员等，到了1990年，在香港创立协鑫集团，其后在1996年，他创办公司和新海康航业组成新海康协鑫热电有限公司，开发电厂也不断增加。在进入光伏行业前的十多年电力行业的经验赋予其强有力的管控能力，在进入光伏行业后他冒险选择了从当时难度最大的上游多晶硅原材料领域切入，并用五年时间带领保利协鑫成长为全球最大的多晶硅生产商。

图1-5　保利协鑫能源控股有限公司董事长——朱共山

朱共山是位极为低调的中国民营企业家，几乎从不接受媒体采访。他曾是中国的"民营电王"，在五大电力集团的夹缝中建了二十余座电站。他于2006年进入光伏产业，却在短短5年间发展成为了全球多晶硅和硅片行业老大。创立协鑫硅业科技控股有限公司（协鑫光伏电力科技控股有限公司前身），展开了太阳能电硅事业并再创高峰，其后将旗下保利协鑫能源在香港上市，在2009年，以263.5亿港元价格收购协鑫光伏电力科技控股有限公司，成为能源大王之一。

"2011胡润新能源富豪榜"，朱共山以160亿元财富成为新能源行业的首富。2012年朱共山以128亿元净资产荣登胡润全球富豪榜。2013年朱共山以108亿净资产荣登胡润全球富豪榜。

（2）陆永华。

1997年3月，34岁的陆永华（图1-6）已经年薪百万，身份是长通电脑公司的总经理、广州分公司的承包人。这时，由他举荐的启东计算机厂与港商合伙开办的南通林洋电子有限

图1-6 林洋集团董事长——陆永华

公司（林洋电子前身）在短短一年里亏损100多万元，企业处于进退失据的境地。思前想后，他抉择回到启东并出资20万美元一次性买断亏损100多万元的林洋公司启东计算机厂股权，开始了创业。那时林洋公司几乎处于"无技术、无资金、无市场"的三无状况，有着多年市场经验的陆永华决定把新产品的开发作为扭转局面的关键，坚持以一流的产品抢占市场制高点。

至今，江苏启东当地的各类媒体对陆永华的创业故事仍然是津津乐道，良多创业细节被不厌其烦地传播：为了提高办事效率，陆永华自费购买了一辆五成新的面包车，成天走南闯北跑市场，虚心听取客户意见，捕获市场信息，一年中大部分的时间在车上度过。回到公司经常连夜组织力量攻关开辟适销对路的电表新品。几个月后，由林洋电子自行研制开发的智能型单相电子式电能表诞生了，并在江苏、上海等地一炮打响，走红周边的浙江、安徽等地，当年公司就实现产值100万元，上缴税收9万元，利润10万元。

之后，陆永华一方面利用工作之余自修大专、本科，充实自我；另一方面四处奔波、广纳人才，成立科研机构，即林洋数码科技公司，专业从事林洋电表研制与开发。经过几年的不懈努力，公司已有100多人成为科研精英。他们中有海归的研究生，也有自己培育出来的土专家，这些人成为林洋跨越奋进的科技先锋。

细节决定成败，陆永华在细微处的尽力，加上创业的勇气，培育了新的财富神话。在林洋电子顺风顺水成长起来后，对林洋电子此后的走向，陆永华进行着持久的思虑和研究。对发展市场有多年经验的他很明白，作为国内电表行业的主干，公司的上升空间已经有限。在考察体味了诸多行业后，陆永华最终选择了太阳能，他觉得这是一个向阳财富。

2004年8月，陆永华正式组建林洋新能源有限公司，投资8000多万元组织研发出产太阳能电池组件，进军太阳能光伏产业。财富奇迹再次降临，两年之后，林洋新能源的营业收入就达到6000万美元，而这个数字是陆永华在电能表行业摸爬滚打10年之后才达到的。林洋新能源在降生28个月后的2006年12月21日，顺利地在美国纳斯达克市场上市，而第二天这个世界财富赌场就将关门喜迎圣诞。这一次，陆永华融资1.5亿美元。2010年8月3日，韩华石化对外通知布告称，将以4340亿韩元（3.667亿美元）纯现金收购江苏启东林洋新能源49.99%的股权，成为其第一大股东。原第一大股东Good Energies（又称好能源）和公司创始人、董事长陆永华，悉数出售了所持股权。在卖林洋新能源之前，陆永华就发布独资创立上海林洋储能科技有限公司（下称林洋储能），进军储能财富。这一次，林洋储能选择了当前国内最热的钒电池技术为首要研发标的目标。有不愿透露姓名的证券研究人士分析：从林洋电子到林洋新能源，再到现在的林洋储能，都是那时国内最热点的行业和技术，可以看出，陆永华在财富王国的计谋战术就是先占领科技的制高点，然后再攻城略地。

思考题

1. 新能源产业背景及发展趋势如何?

2. 太阳能的主要利用形式有哪些?

3. 成功人士对你有何启示?

专题二　新能源应用技术专业认知

学习目标

1. 了解国内外高等职业教育的概况。
2. 了解高等职业教育的功能及特点。
3. 理解通识教育与专业教育的关系和融合。
4. 掌握新能源应用技术专业人才培养目标与素质要求。

一、高等职业教育及其特点

1.高等职业教育简介

高等职业教育（简称高职教育）是高等教育的重要组成部分，是主要承担技术型人才的培养任务，课程体系和教学过程的设置都有别于普通高等教育的一种教育类型。其基本特征是培养目标崇尚技术型；专业设置体现职业性；课程内容注重应用性；教学过程突出实践性；条件设备最好仿真型;师资队伍定要双师型。

（1）国外高等职业教育简介。英国的高等职业教育广泛推行合作式的培养机制，实施"三明治课程"即"理论—实践—理论"，对学生的考核评估由企业、学校、学生共同完成，学生的工作实习单位和实习岗位一般由企业招聘以及学校推荐共同完成。

在德国，"双元制"的培养模式是其高等职业教育培养模式的典型代表，也是其高等职业教育取得成功的关键所在。"双元制"是指学生具有双重身份，即学校学生和企业学徒，他们分别在学校和培训企业两个地点，由学校和企业两个施教主体对学生进行理论与实践两个方面的职业教育，是一种以实践为主的职业技术教育模式。

日本和加拿大等国的高等职业教育同样以培养实践型技术人才为根本目标。课程设置的基本原则是突出学生实用技能的培养，以适应时代发展的要求，同时，十分重视实践教学环节，保证了充足的实训和在企业实习的时间，理论课与实践课的课时大体相当。

（2）近年来高等职业教育在我国取得长足发展。随着我国社会经济的现代化进程的不断加快，各个行业对技术型应用人才的需求愈加迫切，因此，政府对高等职业教育的重视程度和支持力度都明显加大。1999 年 6 月，中共中央、国务院在《关于深化教育改革全面推进素质教育的决定》中指出："高等职业教育是高等教育的重要组成部分。要大力发展高等职业教育，培养一大批具有一定理论知识和较强实践能力的技术应用型人才。"此后，教育部在《面向21世纪教育振兴行动计划》中提出："积极发展高等职业教育，是提高国民科技文化素质，推迟就业以及发展国民经济的迫切要求。随后，我国政府制定和出台了一系列加快发展高等职业教育的指导方针和政策法规，高等职业教育进入了一个快速发展的历史时期，并成为我国高等教育跨世纪改革与发展的重要方向和工作重心。

积极发展高等职业教育是近几十年世界高等教育发展的一个重要特征，许多工业化国家在经济腾飞阶段为适应经济结构转型和经济快速发展，都适时、适宜地发展了高等职业教育。当今世界，各国政府都把发展教育和开发人力资源作为增强综合国力和国际竞争力的首选战略，作为社会经济可持续发展的关键支持系统。教育在综合国力的形成中处于基础地位，综合国力的强弱越来越取决于劳动者的素质，取决于各类人才的质量和数量，因此要大力发展高等职业教育。

2.高等职业教育的功能

高等职业教育是培养适应生产建设（管理、服务）第一线需要的德、智、体等方面全面发展的技术技能型人才。

从本质上讲，高职教育既是职业性的、技术性的，也是高等性的。作为高等教育的一种特殊类型，应当具有高等教育的一般功能和高职教育的特定功能。归纳起来，高等职业教育至少具有五大功能。

（1）人才培养功能。这是高等职业教育的基本功能。培养生产、建设、管理、服务第一线需要的，德、智、体、美、劳等方面全面发展的高级技术应用型专门人才，是高职教育的根本任务。由于我国长期以来重普教轻职教、重科学轻技术、重知识轻能力的教育文化传统，使技术应用型人才的培养和成长得不到应有的重视。

科技进步是推动经济产业升级的原动力，技术革新是企业在市场经济浪潮中抵御风险的有力武器。目前，我国科技进步对经济增长的贡献率仅为30%左右，远远低于发达国家60%～80%的水平，其主要原因之一是生产一线的技术应用型人才严重缺乏，导致我国企业产品质量以及技术水平达不到国外同类企业的水准，这就影响了企业在对外出口当中的竞争力，使产品的附加值得不到提高，停留在原始的劳动密集型产业结构当中。据统计，我国大型企业高级技师比例不足5%，而在国民经济中已占有重要地位的中小企业和民营企业中的技师和高级技师的比例可能更低。以往我国的技术应用型人才主要是由其他类型教育或人员通过现场的实践逐步转型而成的。这种模式培养过程长，局限性大，又没有与自身工作性质相符的晋升和流通渠道，尤其是在人们的观念中总是"低人一等"，因而成才率低而流失率高，技术人才的缺乏也就不足为奇了。从某种意义上来说，高职教育在近年来迅速发展的直接动因即在于此。

（2）终身教育功能。《国务院关于大力推进职业教育改革与发展的决定》中指出：要用终身教育的理念把握职业教育的本质特征。这是一句大有深意的话。始于20世纪20年代，发展于60年代的"终身教育"理念，进入21世纪以后得到了进一步的倡导，成为各国政府教育改革的重要指导理念。江泽民在全国第三次教育工作会议上说，我国也要逐步建立和完善有利于终身学习的教育制度。按照联合国教科文组织"国际21世纪教育委员会"最新报告的说法："终身教育是人的不断构建，是人的知识和技能的不断构建，是人的判断力和行为的不断构建。"这份报告特别强调了教育在向"学习社会"过渡中的主导地位和特定功能,认为教育始终是学习的基础。由于现代技术与岗位呈现出多样化、系统性特点,因而使职业技术培训的地带越拉越长,空间越扩越大。国外发展的现实表明,人一生变换职业的机会增多,培训需求总是呈正比增长趋势。在终身学习体系中,职业教育的作用显得尤为重要。国际经验表明,高职教育是多数技术人才终身学习的重要基地。美国和欧盟2/3的在职职工和科技人才,都要经过这一途径。

(3)技术创新功能。科学和技术是两个不同的概念,既相互联系又相互区别。长期以来,由于高职教育本身的水平不高,科学研究与技术创新功能主要是由普通高等教育和科研院所来承担的。在今后相当长的一段时间内,这种格局恐怕不会有太大的改变。但是,作为一种具有高等教育属性的教育类型,高职教育应该在国家科技创新体系中占有一席之地,发挥技术创新的作用。没有一定的技术研究与开发能力,高职教育的人才培养质量就不能有质的提高,服务地方经济建设也会缺少一个主要的途径。

(4)资格认证功能。职业资格证书制度是劳动就业制度的一项重要内容,也是一种特殊形式的国家考试制度。它是指按照国家制定的职业技能标准或任职资格条件,通过政府认定的考核鉴定机构,对劳动者的技能水平或职业资格进行客观公正、科学规范的评价和鉴定,对合格者授予相应的国家职业资格证书。

我国的职业资格制度尚处于起步阶段,而且是由政府部门行使认证职能。从职业的认定、指标的设立、考核的办法、论证的程序等都与职业教育机构基本无关联。这使我国的职业资格制度在程序、方法和实际水平上都无法得到国际公认,从而也限制了职业教育机构作用的发挥。高等职业院校正不断加强与国家职业资格认证管理机构及行业、企业的合作,积极在国家职业资格认证管理机构的有关组织中发挥作用,共同开发专业课程教学与职业资格认证的标准,积极为学生及社会人员进行职业资格的培训和认证。

(5)社会服务功能。高职教育是一种与社会经济发展关系最为密切和直接的高等教育类型。发达国家的实践证明,高职教育与社会经济发展之间呈现出明显的相关关系。高职教育越普遍,社会经济发展速度越快,反之亦然。对高职教育的重视程度,体现在经济贸易的繁荣程度上,制造业的发展离不开高职教育所培养的一线技能人才,电子信息业的发展离不开高职教育所培养的基本操作人员,各行各业的一线都离不开高职教育对人才的培养输出。高职教育从本质上来说是一种社区教育,通过人才培养、技术创新、职业培训和资格认证等方式服务地方,与地方社会经济发展形成一种良性互动,这既是职业教育应尽的职责,也是自身获得更好的发展空间的必由之路。

3. 我国高等职业教育的基本属性

(1)就业性。高等职业教育的基本属性是它的职业针对性。

(2)大众性。精英高等教育的逻辑起点是"高深的学问",进入大众化阶段以后,高等教育的外延扩展,内涵也发生深刻的变化,特别是人才培养目标要求不一,跨度更大。高等职业教育主要培养第一线的技术、管理人员或高技术领域的技能型人才,而不是造就专家、经理人才,因而是大众性的高等教育。

（3）产业性。高等教育作为非义务教育，具有一定的产业性特点。高等职业教育担负着对学生和社会的职业培训任务，因而其产业性更强。

（4）社会性。高等职业教育的职业性、大众性、产业性决定了它不能把自己封闭在校园内单独地进行知识传授或仅仅依靠学院自身的资源来进行职业技能训练，而必须向社会开放，依托地方、行业和企业的技术与管理人员、基础设施和职业工作环境以产学研结合为纽带，以服务求支持。同时，为地方、行业、企业开展职业技能培训。高等职业的办学形式应该是学历职业教育和非学历教育的培训并举，全日制的职前教育和非全日制的继续教育与职业培训相结合。

4. 高职专业教育的特点

教育部在总结我国10多年来举办高等职业教育的成功经验基础上提出了高职教育人才培养模式的六个基本特点：一是以培养高等技术应用型专门人才为基本任务；二是以培养技术应用能力为主线设计学生的知识、能力、素质结构和培养方案，毕业生应具有基础理论知识适度、技术应用能力强、知识面较宽、素质高等特点；三是以"应用"为主旨和特征构建课程和教学内容体系；四是以培养学生的技术应用能力，并在教学计划中占有较大比重为实践教学的主要目的；五是"双师型"（既是教师，又是工程师、会计师等）教师队伍建设是提高高职高专教育教学质量的关键；六是学校与社会用人部门结合，师生与实际劳动者结合，理论与实践结合作为人才培养的基本途径。

（1）高职教育的人才培养目标是高等技术应用性人才。高等职业教育是在高中文化基础上（或者相当于高中文化基础）和一定的专业技术技能基础上，以生产或者从事一线生产技术和经营的高等技术应用型人才为培养目标实施的具有高等教育理论知识和高级技术技能内容的职业教育，因此，高职教育具有高等教育和职业教育两重性，高等教育要求学生必须具有必备的基础理论和专业基础知识，为自己能力、素质的培养和今后的可持续发展打下基础；职业教育的本质是受教育者获得一定的职业资格的教育。

人才培养目标和人才培养模式的特征是高职教育院校与普通高校相比最明显的本质特征（表2-1）。

（2）构建新型人才培养模式。高等职业院校区别于普通高校的重要特征之一是鲜明的职业岗位（群）针对性，要以适应社会需要为目标，设置专业和开展教学活动，这一点在人才培养模式上表现得最为明显，是高职院校能否生存和发展的关键。高职教育院校与普通高校相比的本质特征区别见表2-1。

高等职业教育构建的人才结构体系应是一种以职业素质为本，以技术应用能力为主线，使知识、能力、素质有机结合的整体结构。知识、能力和素质三者之间的辩证关系是知识是表层的，是能力、素质的基础；能力是里层的，是知识的一种体现，是人才培养的重点；素质是内核，是外在的知识技能升华为稳定的品质和素养。因此，高职院校设计的教学方案、教学计划应正确处理好德育与智育、理论与实践以及传授知识、培养能力、提高素质三者之间的关系，使高职学生的知识、能力和素质得到协调发展。

表2-1　高职教育院校与普通高校相比的本质特征

学校类别\特征	高职院校	普通高校
培养目标	技术型人才（也可培养工程型、技能型人才）	学术型、工程型人才
培养要求	理论知识以必须够用为度，强调实践能力的训练	偏重理论传授，强调知识的系统性
专业设置	按职业岗位和职业群体设置	按学科设置
教学内容	以培养技术应用性能力和基本素质为主线，以适应职业岗位群的职业能力要求设置理论教学和实践教学	重视基础理论，以专业学科所需理论为依据
师资要求和构成	"双师型"师资队伍，教师具有较好的基础理论和较强实践动手能力，拥有专、兼职教师队伍	重视学术水平和科研能力，教师具有扎实的基础理论
办学形式	灵活、多样、紧贴市场	正规、稳定
与社会联系	与行业、企业联系密切，主动适应经济社会发展需要	相对独立性较强

（3）构建"应用"为特征的课程和教学内容体系。课程和教学内容是为达到一定教育目的而组织起来的一种有序的教学活动，它体现了教育的性质和功能。学术型和工程型的人才培养，就必须要求相应的课程和教学内容具有学科的完整性和严密性，而技术型人才的培养则要求教学内容要突出基础理论知识的应用和实践能力的培养，基础理论教学要以应用为目的，以必须够用为度，专业课教学要加强针对性和应用性，从这里我们可以看出，高职教育与普通高等教育应有不同的课程和教学内容体系。但现在不少高职院校的课程和教学内容仍是本科院校的压缩，不具备高职教育特征，因而也就不能培养出真正的"应用"人才。

课程和教学内容体系改革是高职教学改革的重点和难点。要按照突出应用性、实践性的原则重组课程结构，更新教学内容，应改革以往仅由学校教师"闭门造车"设置专业、制订人才培养计划的做法，建立有行业、企业有关专家和教师组成的专业建置委员会。按照社会需求→工作岗位→培养目标→素质能力→课程体系→教学内容的程序开展工作，以确实保证课程体系和教学内容能够支撑培养目标的实现。

（4）加强实践教学，培养学生应用能力。实践教学是高职教育的根本性标志，只有通过实践教学，才能培养学生较强的动手能力，在高职教育中作为专业基础课和专业课重要构成的实践教学具有重要的作用，它是整个教学过程中实现由知识向能力和素质转化的关键，因而实践教学是培养学生应用能力的主要途径。一般应占教学计划的一定比例（50%左右）。

实践教学包括实验、实训、实习和"教学做一体化"模式等环节。实验、实训主要在学校的实验实训室和理实一体化教室进行，实习则主要依靠相关企业在生产现场完成。

（5）加强"双师型"教师队伍建设。高职教育旨在培养生产、建设、管理、服务第一线的高端技术应用型人才，这就要求从事高职教育的教师既要具备扎实的基础理论知识和较高的教学水平，又要具有很强的专业实践能力和丰富的实践经验。建立一支结构合理、素质优良、专兼聘相结合、充满活力、有高职学科特色的"双师型"师资队伍是高职教育取得成功的关键。

（6）坚持产学研合作的道路。产学研结合是高等职业教育培养人才的基本途径，是高职教育服务企事业、服务社会的重要领域。产学研结合是一种以培养学生全面素质综合能力和就业竞争力为重点，利用学校和企业两种不同的教育环境和教育资源，采取课堂教学与学生参加实际工作有机结合培养适合不同用人单位需要的应用型人才的教育模式，它可以有效地实现四个结合：学校育人和社会育人的结合；理论与实践的结合；校内资源与校外资源的结合；教学环境与职业环境的结合。使高职教育全面提高学生素质，适应市场经济发展对人才的需求，因而高职教育应该也必须走产学研合作的道路。

二、专业教育与通识教育

1. 通识教育和专业教育的定义

通识教育（General Education），是来自普通本科教育领域中相对于专业教育而言的一个概念。从内涵上来说，通识教育着眼于专业知识、专业技能之外的个人综合素质的培养，重点强调知识结构的均衡发展以及个人素养（人格、文化、道德、审美、思想等）的全面提升，以避免知识结构单一以及人格缺陷带来的褊狭、片面和扭曲。就其外延来说，通识教育包括除了专业教育之外的所有教育形式。自20世纪初期美国博德学院的帕卡德（A. S. Packard）教授首次提出"通识教育"一词并应用于高等教育领域以来，越来越多的有识之士认识到，在高等职业院校中引入这一教育思想的重要性和必要性。因为仅仅从人力资源开发角度将人作为未来社会生产链中的一环进行培养的思路显然是工具理性主义在高职教育领域里的一种变相反映，并不是也不可能真正做到以人为本，人在这种链条中丧失了人的主体性而成为一种工具。

专业教育（Professional Education），广义的专业教育是相对于包括学前教育、义务教育在内的普通教育阶段而言，即旨在培养各级各类专门人才的教育。从宏观意义上来说，我们国家整个职业教育（Vocation Education）和高等教育（Higher Education）都是一种职业预备性质的专业（Occupational）教育。它所应对的是日益分化的社会职业分工和学科分类，其逻辑前提是一个人必须具备一项基本的谋生技能，才能在社会上立足，这一谋生的技能并非天生具备，往往是专业教育或培训的结果。从中观层面上来说，我们通常把一所学校按照不同专业分类所进行的教育称之为某某专业（Speciality）教育。从某种意义上来说，现代大学就是由这样若干个专业教育实体机构组成的集合。从微观（狭义）层面上来说，在某一专业人才培养方案中，我们把（主修）专业课教学称之为专业（Major）教育，反之则是非专业（Minor）教育［其传统表现形式就是所谓的（辅修）公共课等］。

2. 通识教育的优点

（1）通识教育教会你如何思考。

①培养思考能力、条理性和智慧：心智就像肌肉，越锻炼就越强壮，越能领会观点和胜任智力工作。不管是文学、社会学还是会计学的具体领域的心智锻炼都将增强你学习其他学

科领域的能力。起初看来很难的东西如注意力集中的习惯、抓住论证思路、区分主次、领会新概念的能力等，在你通过学习不同学科而锻炼和扩展了心智以后就都变得容易了。

你会了解到思考有自身的规范、秩序结构和使用规则。许多学科都以不同的方式帮助学生养成有序思考的习惯。认真学习电脑编程或数学或音乐或逻辑或诗歌或任何一门学科，都不可避免地帮助你的知识结构形成和思想的发展，养成系统思考和理性分析的习惯。一旦你养成良好的思考习惯，你就能够胜任每一种工作，更重要的是，你的生活会更幸福。你在上了编程课或者诗歌课后，或许永远也不会再编一个程序或写一首诗，但是你可能成为更好的丈夫或者妻子、牧师、商人、心理学家，因为你随身携带了可以应用在任何行动中的、系统的解决办法，等级分明的程序和理性知识。

②学会独立思考：你从通识教育中获得的众多知识、掌握的考察和分析工具将使你拥有自己的意见、态度、价值、观念，它们不是来自父母、同伴、教授的权威，不是建立在无知、异想天开或偏见的基础上，而是根据自己可靠的理解和考察、论证和证据的评价而得来的。你不再是众多琐碎无聊的事实的消极接受者，而是主动寻求知识间关系的探索者。你的多学科学习将促使你看到观点、哲学、主题领域的关系，确定它们各自的适当位置。

判断力像智慧一样依靠善于思考和众多领域的知识。良好的判断力要求你在面对压力、扭曲和过分强调的真理面前坚持独立思考。

因此，通识教育将教会你如何思考，也就是说教会你如何独立地思考并解决工作难题。单单这个好处就让这样的教育比任何具体的职业培训更实际、更有用。

③世界变得可以理解了：一旦你拥有了有关众多事件、哲学、程序、可能性的知识，就会发现生活中的各种现象变得连贯有序和可以理解了。意外的、奇怪的事不再是让人眼乱缭乱、困惑不解。包含生物学、历史、人性等任何东西的通识教育将为我们提供众多理解工具。

（2）通识教育教会你如何学习。

①大学提供的是一个望远镜，而不是打开的或者合上的书：你在大学获得的真正教育不是掌握的一堆教材上的知识，而是学习技能本身。大学的名气，教授的水平，都不能在三年里教给你现在或者将来需要了解的任何东西。但是通过教会你如何学习、如何组织观点，将帮助你更容易地理解新东西，更快、更彻底和更持久地学习。

②学的东西越多，你能学习的东西就越多：知识是建立在已有知识的基础上。当你学习某些东西时，你的头脑会记住你是如何学习的，必要的时候确立新道路、新类别以便让未来的学习更快捷。学习中使用的策略和养成的习惯也能让你的学习更容易。

同样重要的是，良好的学习习惯能够从一个学科转移到另一个学科。篮球运动员通过举重或者打手球为打篮球做准备的时候，没有人会问"篮球运动员举重和打手球有什么好处呢？"因为很明显，这些练习可以锻炼肌肉，提高灵活性、协作能力等，这些都可以转移到打篮球上，甚至比整天无休止地练习打篮球的效果可能更好。思想同样是如此。众多不同学科的练习将增强你的思考力，有利于你顺利从事任何工作。

③旧知识理清新知识：通识教育提供的笼统知识通过最常用的学习方法"类比法"帮助

你学习新学科。正如乔治·赫伯特（George Herbert）注意到的，人们通过使用熟悉的、已理解的东西来解释不熟悉的新东西，效果往往最好。你知道和熟悉的东西越多，你能掌握的东西就越多，学习也能变得更快更容易。心智在很多时候几乎是在无意识的情况下创造类比，用熟悉的东西来理解不熟悉的东西。可以这样说，通识教育帮助改善你的观念和理解。这个过程解释了为什么大学一年级新生因为思维能力和知识的欠缺而学任何东西都会很困难。但是在经过一年的努力后，知识基础已经建立，进一步学习就变得容易了。大脑工作速度提高，因为有了独立思考的东西。

④笼统的知识增强创造性：众多不同学科的知识提供了跨学科观点的孕育，心智的完整性有助于产生新观点，加深理解。那些突然的顿悟、天才的火花、看来没有源头的解决办法实际上是思想对某个问题的无意识工作的结果，或者是使用了因为长期学习和积极思考而储存在大脑中的材料的结果。你的知识储备越多，知识领域越广泛，你的创造性就越大。众多不同知识的相互作用是非常微妙和复杂的，结果常常难以预测。当本杰明·富兰克林通过放风筝来研究电流性质的时候，他并没有预见到后来的精彩发明，那些得益于他的发现的学生创造了洗衣机、微波炉、电脑、雷达装置、电热毯、电视机等，而发明这些东西的人在学习富兰克林著作的时候也并没有预见到这些。

3. 新生入学专业教育的重要性

对于多数大学新生而言，对所学的专业未必十分了解，甚至可以说迷茫。开展大学新生入学专业教育，有助于学生在进行专业学习之前，对新能源应用技术专业有一个全面的了解，有更明确的学习目标使学生能顺利进入专业，掌握自主学习技能和方法，从而帮助新生尽快适应大学的专业学习和生活。

（1）入学专业教育可以全面了解所学专业。学生在报考专业时未必是根据个人的兴趣爱好选择的，有的是家长代替学生选择的，有的是学生根据市场的需求选择的，有的甚至是专业调剂后"被选择"的。新生入学前，对本专业的认识及了解并不全面。因此，在专业学习之前，进行专业教育让学生对本专业的未来发展有所认识，对学生日后学好本专业的知识具有极其重要的引导作用。

（2）入学专业教育可以明确专业定位。让学生了解本专业的发展方向、前景、课程的设置以及专业的人才培养定位。新能源应用技术专业主要学什么、今后干什么，引导学生充分认识自己的专业特点和社会对本专业人才的需求，从而帮助学生稳定专业思想，树立专业学习信心，以积极的心态投入到学习中。

（3）入学专业教育可以确定学习目标。学生入校之初，就要告诉学生有哪些学习目标，大学三年专业学习应达到什么水平。如通过计算机、英语以及技能考核等考试目标，让学生有的放矢地开始专业学习。

新生入学专业教育的主要形式有以下几种类型。

①通过新生见面会的形式，初步介绍本专业的培养目标、学习内容和就业前景，让学生充分正确的认识专业优势，增强学生对新能源应用技术专业的认同感和职业优势，提高他们的自信心和自尊心。有利于学生快速地适应新的学习环境，积极投入到专业学习中。

②开展新生职业规划教育活动及专题讲座，对新生进行职业目标教育。可以请一些新能源行业的优秀毕业生来校做现场报告会，用现行例子说明本专业的职业前景，鼓励学生努力学好专业。

③以定期班会或座谈会的形式，对新生进行巩固教育。专业教育不是一次会议或报告就结束的，应该是入学后较长期的、持续的教育，可以适当延长专业教育时间周期，新生入学的第一学期是进行入学专业教育的最佳时期。

4. 通识教育与专业教育的关系

应该说，无论是普通本科教育还是高等职业教育，无论有着什么样的形式和名称，都包含专业教育与通识教育这两大部分内容。在不同的语境下，通识教育与专业教育的内涵和外延会发生下述相应的变化。

（1）作为一种教育思想（理念）。通识教育指的是教育应当使人通达而不是褊狭，先有"育人"，而后有"专才"，我们所培养的首先应该是一个（知识、生理、心理等）健全的人、一个合格的公民、一个具有正义感并能独立思考的人，然后才是某一方面的专业人才。它所对应的概念就是专才教育，即培养某一领域的专精型人才的教育。

（2）作为一种人才培养模式。通识教育是指建立在专业教育之上的人才培养模式，其目的在于全面地培养一个人，使之既有通达的见识，又具备精深的专业特长，而不是把人培养成单一的"会工作的机器"。它所对应的是专业教育模式，即旨在培养具有较强适用性和针对性的专门性人才培养模式。

（3）作为一种教育内容。专业教育主要是指具有鲜明专业针对性和适用性的知识和技能。通识教育则主要是指非专业性的技能、知识，包括那些带有共性的、基础性的、综合性的、非功利性的、通用性的知识和能力。他们是一组对生性概念，其传统的对应表现形式就是专业课教学和公共（基础）课教学。

根据上述分析，我们将高职领域通识教育与专业教育的关系表述为：作为一种教育理念，通识教育与专业教育分别代表了两种不同的教育思想和人才观，二者有本质区别。它们是并列关系；作为一种人才培养模式，通识教育模式是更符合社会发展规律以及人才成长规律的人才培养模式，专业教育是这种模式的基础和重要组成部分；作为一种教育内容，通识教育与专业教育是相对独立却又相互联系的相辅相成的关系，通识教育有助于拓展专业教育的广度，培养跨专业、跨职业的眼光和思维，专业教育有助于更好地促进通识教育的深度发展，使其在宽广的学识基础上学有所长、术有专精。具体到高职院校层面，只有在通识教育思想指导下，构建通—专结合的人才培养模式，坚持专业教育的发展道路，灵活高效地配置教育资源，保持通识教育与专业教育的动态平衡，才能使人才培养保持正确的发展方向，从而全面实现高职教育人才培养目标。

有学者指出，"技艺授受"是职业教育的本质属性，"人文性、学术性、职业性"是高等教育的基本性质。具体到高等职业教育，高等教育和职业教育的双重属性，决定了其在通识教育方面与普通本科院校的根本差异。作为职业教育的高端部分，高职教育所培养的学生应当是具有高深职业知识和技能的技术型人才。

作为区别于普通本科教育的一种独特的高等教育类型，高职教育的根本着眼点在于学生综合职业能力的养成，而非学科体系的知识传授（表2-2）。因此，实施和加强通识教育是高职教育的本质要求，也是"高职教育"这一概念的题中应有之义。只有在通识教育与专业教育有机统一的前提下，学生的综合职业能力才能够真正形成。

表2-2　高职通识教育与本科通识教育的比较

比较项目	高职通识教育	本科通识教育
教育定位	技术型人才	学术型人才
教育目标	关键职业能力	宽广学术基础
培养体系	工作体系（能力）	学科体系（知识）
实现途径	显性课程+隐性课程	课堂知识传授（显性）

正如卢梭所说："在使你成为一名军人、教士或行政官员之前，他先要使他成为一个人""一个人要能完全胜任工作并充分享受工作的欢乐，就应懂得工作的社会学的、历史学的、心理学的、文学的基础艺术的各个方面。"

5.高职通识教育与专业教育辩证统一的实现策略

著名科学家爱因斯坦曾经说过："用专业知识教育人是不够的。通过专业教育，他可以成为一种有用的机器，但不能成为一个和谐发展的人。要使学生对价值有理解并产生强烈的感情，那是最基本的。他必须对美和道德上的善恶有鲜明的辨别力。否则，他连同他的专业知识就更像一只受过很好训练的狗，而不像一个和谐发展的人。"在高职教育领域，当前大多数高职院校的人才培养模式，依然是专业教育模式下的以专业化人才培养为主，通识教育处于弱势、次等的地位。具体表现为近几年来，在大力强调高职教育"职业性"的同时，对高职教育的"高等性"和"学术性"关注不足；在强调人才培养适应社会和行业企业需求的同时，忽略了人才培养可持续发展目标的实现；在强调"就业导向"的同时，弱化了对人本身的关注和完善。如何使通识教育与专业教育辩证统一、相互融合，使培养出的是具备较强综合职业能力并和谐发展的人，而不是一专业化的"警犬"？这是个值得深入探讨和思考的问题。

（1）用通识教育思想统领人才培养工作全局。在普通本科高校领域，关于通识教育与专业教育的关系有以下三种代表性的观点。

①通识教育与专业教育是并列的概念：通识教育是专业教育的补充与纠正，即学生在所学专业之外再学一些本专业外的知识和技能。

②专业教育是通识教育的上位概念：通识教育是专业教育的延伸与深化，即专业教育通识化，将过分狭窄的专业教育拓宽。

③专业教育是通识教育的下位概念：通识教育是专业教育的灵魂与统帅，专业教育应该在通识教育思想的指导下进行。

针对在高职教育领域普遍存在着的将通识教育与专业教育尖锐对立，将通识教育与开设通识课或通选课划等号，将通识教育视为"鸡肋"和点缀等的现象，上述第三种观点较为符合实际，即用通识教育思想来统领人才培养工作全局，因为通识教育绝不是专业教育的对立面或附庸。在通识教育模式下，专业教育本来就是其中的重要组成部分；也绝不只是开设一些通识课或通选课，它需要人才培养工作中的各个要素和环节都贯穿这样一种思想和理念，并通过具体有效的举措来落实。只有这样，才能有效扭转通识教育在现实中不利局面，也才能真正实现全面发展的人才培养。

（2）构建通—专结合的人才培养模式。人才培养模式是教育理念和教育内容的制度化体现。人才培养模式的基本要素包括培养目标、培养制度、教育内容（课程体系）、教学方式方法、评价体系等。构建通—专结合的高职院校人才培养模式（图2-1）主要包括如下内容。

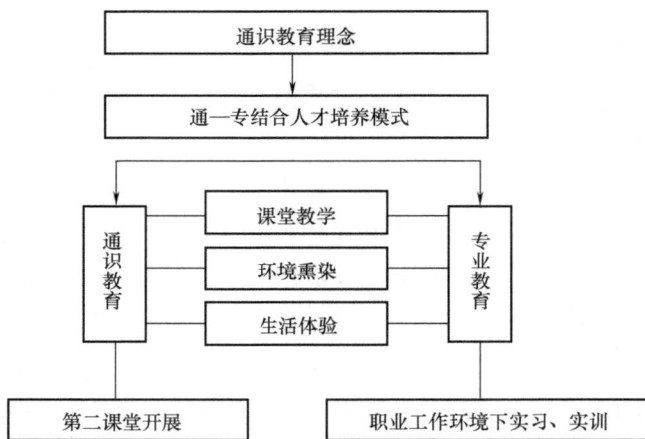

图2-1　高职院校通—专结合人才培养模式示意图

①基于通识教育理念确立人才培养目标。具备综合职业能力的"职业人"培养。
②根据通识教育要求设计人才培养方案。基于合格公民养成的技术型人才培养。
③建立与通识教育理念相适应的评价体系。比如职业能力测评模型和方法的应用等。
④能够确保通识教育理念和目标实现的有关制度安排。比如学分制、自由选课制等。

当然这种人才培养模式的建立需要从院校决策者到教学者乃至一名普通园林绿化工人的集体支持和参与。但其中最关键的还是国家层面有相关的制度明示，基层院校决策者和教育教学管理政策撰制者的思想和智慧。只有这样，构建这种通—专结合人才培养模式的阻力和困难才会得到有效解决。

（3）营造富有通识教育特色的高职校园文化。除了那些有形的通识教育方式（如通识课程、通识理念指导下的专业课程等）即显性通识课程之外，通识教育的另外一种重要形式，就是营造一种具有高职通识教育特色的校园文化（隐性通识课程），用文化的力量熏陶人、感染人、影响人，达到一种"润物无声""无声胜有声"的效果。同时这也是通—专结合人才培养模式的内在要求。具体方式包括从物质文化到制度文化、精神文化建设的各个方面。如校训拟制宣讲、校园建筑景观设计建造、教育教学管理制度体系制定、师生行为方式规范、校园偶像塑造、校园视觉符号设计规范等，特别是制度安排方面，作出有利于体现学生综合职业能力培养和通识教育思想贯彻的系列规定。通过营造以"求知、求专、求变"为精神内核和凸现特色的高职校园文化来实现通识教育对人才培养软环境的要求。

三、新能源应用技术专业与其他相关专业之间的关系

新能源有广义和狭义之分。广义的新能源泛指能够实现温室气体减排的可利用能源，外延涵盖了高效利用能源、资源综合利用、可再生能源、代替能源、核能、节能等。狭义的新能源指除常规性能源和大型水力发电之外的风能、太阳能、生物能、地热能、海洋能、小水电和核能等能源的总成。现阶段对风能、海洋能、小水电和核能的利用主要集中在电能的转换上，而对太阳能、生物能、地热能的利用除了将其转换为电能外，还应用于向热能和燃气的转换上。总体来讲，新能源的利用主要是围绕发电展开的。

新能源专业与应用电子技术、电气自动化、机电一体化、暖通、电力系统自动化等专业之间的关系，总体来说相互交融，各具特色，毕业学生具有跨行业就业素质与能力，如图2-2所示。

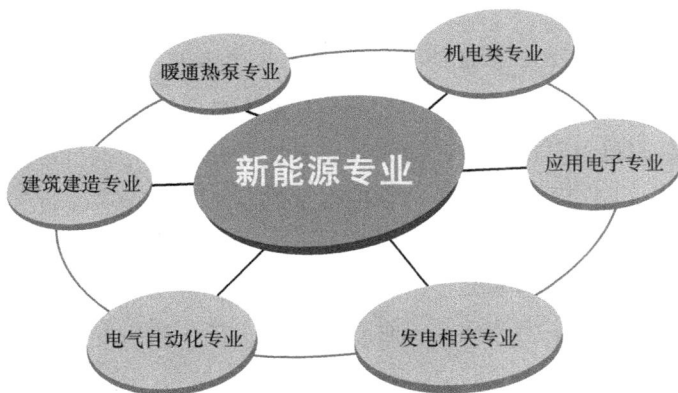

图2-2 新能源应用技术专业与其他专业的关系

（1）新能源应用技术专业与应用电子类专业之间的关系。应用电子类专业培养具有本专业的必备基础理论知识和专门知识、具备较强的从事电子信息产品生产、技术管理、技术开发与设计、设备运行与维护、产品维修与技术支持等实际工作能力，适应生产建设（管理、服务）第一线需要的德、智、体等方面全面发展的技术技能型人才。电子类专业分为物联网应用和自动控制两个方向：物联网应用方向的培养目标定位为毕业生主要面向电子和物联网相关企业，从事物联网传感器应用、电子产品安装、调试与检测、电子工艺实施和质量控制、物联网电子设备安装调试和维护、物联网项目售后服务等工作。自动控制方向的培养

目标定位为毕业生主要面向电子和机电行业，从事电子自动化产品或设备的安装、调试、工艺实施、检测、维护、技术支持等工作。

毕业生就业初期岗位可胜任运转班组长、设备维护技术员、工艺设计员、品质管理员等岗位，3～5年后可胜任电子信息产品辅助开发与设计、车间生产技术主管、品质主管、工程项目主管等岗位，10年后可胜任电子信息企业的生产部长、工程项目部长、电子信息产品应用系统开发主管等岗位。

电子类专业学生主要学习电工技术、电子技术、单片机技术、电子制版PROTEL等方面课程。电子类专业与新能源应用技术专业学习的专业课程有较大部分相同，工作岗位具有较高的融合度。

（2）新能源应用技术专业与电气自动化技术专业之间的关系。电气自动化技术专业培养拥护党的基本路线、具有本专业的必备基础理论知识和专门知识、具备较强的从事电气控制设备安装、调试、维护、检修等实际工作能力，适应生产建设（管理、服务）第一线需要的德、智、体等方面全面发展的技术技能型人才。

毕业生主要面向机电设备制造、电力、服务等行业，从事电气产品生产与技术管理、设备电气安装调试与维护检修、供配电系统运行与维护等工作。

毕业生就业初期可胜任电气产品安装与调试、设备电气维护与检修、供配电系统运行与维护等岗位工作，从业3～5年后可胜任自动化生产线调试与维修、电气改造设计、机电产品技术服务等岗位工作，10年以后可胜任生产管理、设备管理、电气产品开发、技术主管等中高级岗位工作。

电气自动化技术专业学生主要学习电工技术、电子技术、PLC技术、单片机技术、变频器技术、电气控制和自动生产线等方面较宽广的工程技术基础和一定的专业知识的课程。

电气自动化专业偏重电气控制，新能源发电系统中很多都是电气控制设备，这两个专业有部分专业课程相同，工作岗位也具有一定的融合度。

（3）新能源应用技术专业与机电类专业之间的关系。机电类专业培养具有本专业的必备基础理论知识和专门知识、具备较强的从事机电一体化设备的使用、维护、技术服务和生产管理等实际工作能力，适应生产建设（管理、服务）第一线需要的德、智、体等方面全面发展的技术技能型人才。

毕业生主要面向机电设备制造、使用等企业，从事机电一体化设备的安装、调试、操作、维护、检修，技术改造、生产管理、机电产品开发等工作。

毕业生就业初期可胜任机电设备日常运行与维护、机电设备安装与调试、技术服务、产品检验等岗位，从业3～5年后可胜任生产管理、机电产品技术设计等岗位，10年后可胜任机电设备生产企业的技术、生产、设备主管等中高层次岗位。

机电类专业学生主要学习电工电子技术、CAD制图、单片机技术、变频器技术、机械零件、电气控制、数控技术和气动技术等方面较宽广的工程技术基础和一定的专业知识的课程。

机电类专业毕业生就业面广，适合职业岗位多，新能源应用技术专业与机电类专业也有部分专业课程相同，工作岗位具有一定的互补性。

（4）新能源应用技术专业与其他相关专业之间的关系。暖通专业现在更名为建筑环境和设备工程专业，其培养目标是培养适应我国社会主义现代化建设需要，德、智、体、美全面发展，基础扎实、知识面宽、素质高、能力强、有创新意识的建筑环境与设备工程专业高级技术人才。毕业生能够从事工业与民用建筑环境控制技术领域的工作，具有暖通空调、建筑给排水、燃气供应等公共设施系统、建筑热能供应系统的设计、安装、调试和运行的能力，具有制订建筑自动化系统方案的能力，并具有初步的应用研究与开发能力。建筑环境与设备工程专业现有太阳能热发电方向。

电力系统自动化专业旨在培养具备电气设备安装、运行、检修和调试能力；具备电力系统初步设计能力；掌握中外电力行业技术规范，能够将可编程控制器和电力电子等控制技术应用到电力行业新技术当中。

建筑环境和设备工程专业、电力系统自动化专业和新能源应用技术专业有部分基础课程与专业课程相同，工作岗位有一定的联系。

四、新能源应用技术专业人才培养目标与素质要求

1.新能源应用技术专业人才培养目标

传承张謇先生"学必期于用，用必适于地"的办学理念，顺应"沿海开发国家战略"，面向江苏海上风电和光伏新兴产业，培养紧缺专门人才，为江苏沿海新能源产业提供强有力的人力资源支撑。

新能源应用专业培养具有本专业的必备基础理论知识和专门知识、具备较强的从事新能源方面生产操作、质量控制、系统安装、维护、检测、设计、产品售后服务及相关技术管理等实际工作能力，适应生产建设（管理、服务）第一线需要的德、智、体等方面全面发展的技术技能型人才。

探索"学校主体、政府协调、行业指导、企业参与"的专业建设机制，深化学院"知行并进，学做合一"工学结合的人才培养模式改革，充分发挥校企两个育人主体作用，以学生新能源技术应用能力培养为主线，不断提升学生的职业素质和能力。将本专业建设成为教育教学理念先进、办学条件完备、人才培养质量高、区域内服务水平领先的特色专业，努力成为江苏新能源行业技术技能人才培养的摇篮。

毕业生主要面向风力发电、太阳能发电、太阳能光热应用等相关企业，从事设备操作、产品检验、设备保养与维护、品质管理、工艺设计、产品售后技术服务等工作。

毕业生就业初期可胜任风力发电、太阳能发电或太阳能光热应用等相关企业设备操作、产品检验、设备保养与维护、品质管理、工艺设计、产品售后技术服务等岗位；3～5年后可胜任生产车间管理、设备管理、技术管理、产品市场技术服务管理等岗位；10年后可胜任风力或太阳能发电、太阳能光热设备制造企业生产、技术、品质、销售等中高级管理岗位。

2. 人才素质要求

人才素质要求重点为三大能力即方法能力、社会能力和专业能力要求。

（1）方法能力。方法能力是指主要基于个人的，一般有具体和明确的方式、手段、方法的能力。它主要指独立学习、获取新知识技能、处理信息的能力。方法能力是劳动者的基本发展能力，是在职业生涯中不断获取新的技能、知识、信息和掌握新方法的重要手段。职业方法能力包括"自我学习""信息处理""数字应用"等能力。

①具有通过网络、文献等不同途径获取信息并进行信息处理的能力：文献对于研究很关键。查阅并学习文献，是了解历史，站在前人肩膀上继往开来展望未来的基础。因此，学会查找并阅读文献特别重要，尤其是在当今的网络时代。

在采用各种各样的研究学习方法后，人们获取了各种研究资料和信息。这里的资料不仅包括研究所需的数量型资料，而且包括大量非数量型的文字背景资料。然而，如果这些资料未经整理就进行分析，是没有实际的应用价值和科学意义的。

②具有独立学习获取新知识和新技能的能力：现在科学、技术的发展极其迅猛、迅速。一个人如果不学习，继续充实自己，那么他就无法了解和掌握在这个社会的基本技能，就会被这个社会淘汰。学习，就是掌握一种生存技能。

③具有运用所学知识和技能独立分析和解决问题的能力：不能独立思考，总是人云亦云，缺乏主见的人，是不可能做出正确决策的。如果不能有效运用自己的独立思考能力，随时随地因为别人的观点而否定自己的计划，将会使自己的决策很容易出现失误。

④具有一定的数字应用能力：对所获取的数量型资料进行分析，主要是采取统计学上的一些方法。对非数量型资料进行分析，则可以采用概念、判断、推理、归纳、演绎等方式进行分析研究，决定工作方向。

⑤具有一定的自我控制、管理及评价能力：自我管理能力是指受教育者依靠主观能动性按照社会目标，有意识、有目的地对自己的思想、行为进行转化控制的能力。一个人只有正确地认识和评价自己，才能提高自我控制、管理的动机水平。所以应当不断提高一个人的自我评价水平，从而实现他对个人行为的自我调节。

（2）社会能力。社会能力是经历和构建社会关系、感受和理解他人的奉献与冲突，并负责任地与他人相处的能力。它是指与他人交往、合作、共同生活和工作的能力。社会能力既是基本生存能力，又是基本发展能力，它是劳动者在职业活动中，特别是在一个开放的社会生活中必须具备的基本素质。职业社会能力包括"与人交流"（包括"外语应用"）"与人合作""解决问题""革新创新"等能力。

①具有良好的道德操守，遵纪守法，社会责任感强：俗话说：没有规矩，不成方圆。对一个公民来说，是否自觉维护公共场所秩序、纪律观念、法制意识强不强，体现着他的精神道德风貌。遵纪守法同时也是保护社会健康、有序发展的基础。遵守职业纪律、注意生产安全，是用人单位对从业者的最低要求；尊重顾客、尊重师傅，则是用人单位对从业者的最基本的要求。

违反纪律不仅直接影响工作效率，有时还引发安全事故。注重安全不仅关系到用人单位，还关系到从业者自身和家庭幸福，构建和谐社会安全。很难想象，单位领导会允许员工扰乱正常工作秩序，能工巧匠会把真本领教给一个不尊重自己的年轻人。具有良好的职业道德和行为习惯，是用人单位在录用一线从业者时十分看重的素质。职业道德要求在"做事"中"做人"，它的养成并非一朝一夕。等毕业、上岗再培养职业道德，容易导致在职业生涯刚起步时就遇到挫折。如果在学校期间的日常生活、学习中，注重培养遵守纪律、礼貌待人等良好行为习惯，到工作岗位上就能很快适应职业纪律的要求，并遵守职业道德规范。

②具有良好的职业道德，爱岗敬业、踏实肯干、革新创新：职业道德是同人们的职业活动紧密联系的符合职业特点所要求的道德准则、道德情操与道德品质的总和。每个从业人员，不论是从事哪种职业，在职业活动中都要遵守道德。如教师要遵守教书育人、为人师表的职业道德。医生要遵守救死扶伤的职业道德等。职业道德不仅是从业人员在职业活动中的行为标准和要求，而且是本行业对社会所承担的道德责任和义务。职业道德是社会道德在职业生活中的具体化。

③具有健全的心理素质和健康的体魄，有较强的社会适应性：心理健康是指具有正常的智力、积极的情绪、适度的情感、和谐的人际关系、良好的人格品质、坚强的意志和成熟的心理行为等。心理健康与一个人的成就、贡献、成才关系重大。身体健康是指具有适应工作岗位的健康的体魄。心理健康是大学生成才的基础，身体健康是大学生成才的保障。

④具有一定的语言文字表达能力：语言表达能力是人们必须具备的一种语言能力。随着社会的进步和科学文化的发展，人与人之间的多层次、多领域的接触越来越多，良好的语言表达能力也越来越成为高职学生必备的一种能力。语言表达能力是高职学生提高素质、开发潜力的主要途径，是他们驾驭人生、改造生活、追求事业成功的无价之宝，是通往成功之路的必要途径。

⑤具有团队合作、沟通协调、人际交往能力：当今社会，随着知识经济时代的到来，各种知识、技术不断推陈出新，竞争日趋紧张激烈，社会需求越来越多样化，使人们在工作学习中所面临的情况和环境极其复杂。在很多情况下，单靠个人能力已很难完全处理各种错综复杂的问题并采取切实高效的行动。所有这些都需要人们组成团体，并要求组织成员之间进一步相互依靠、相互关联、共同合作，建立合作团队来解决错综复杂的问题，并进行必要的行动协调，提高团队应变能力和持续的创新能力，依靠团队合作的力量创造奇迹。

社会是由各种错综复杂的人际关系组成的网络。社会的发展需要人与人之间广泛而深入的联系和协作，因而人际交往的意义更加突出。培养良好的人际交往能力，不仅是大学生活的需要，更是将来适应社会的需要。

（3）专业能力。

①具备本专业所必需的数学、力学、光学、电学计算及分析问题的基本能力；具备信息技术、电气法律法规、安全用电的知识。

②熟悉常用电工仪表、电子仪器和传感器的原理、结构、性能和使用知识；在实际工作中具有正确使用上述仪器仪表和传感器的能力。

③掌握电工电子基本知识，具有阅读、绘制电气线路、电子电路的能力。

④掌握电机、变压器的工作原理，具有使用、维护机器和常见故障的处理能力。

⑤熟悉电气控制的常用方法，具有低压电器的选型能力，电气控制线路的绘图、安装接线和调试的能力，具有PLC的选型、安装、编程和调试能力。

⑥掌握电力电子技术的基本功能和常用电路，具有电力电子器件的选型能力、电力电子电路的安装接线和调试能力，具备模块电源、逆变电源等设备的使用和维护能力。

⑦熟悉供配电系统的基本知识，具备供配电线路的使用、维护和检修能力。

⑧熟悉光伏芯片的生产工艺，具备相关生产设备电气控制线路的安装、接线、调试、运行、检修和维护能力；熟悉光伏组件的性能参数，具有光伏产品质量检验、调试的能力。

⑨掌握风力发电设备的工作原理和基本结构，具有风力发电设备的安装、调试、运行、维护和管理的能力。

⑩了解新能源发电装置的自动控制原理，具有现场总线、组态软件等新技术的应用能力；了解国内外新能源应用领域的新技术、新材料、新工艺、新设备。

👉思考题

1. 高职教育特点是什么？
2. 什么是通识教育、专业教育？
3. 试述通识教育与专业教育相互关系。
4. 试述高职教育人才素质能力要求。

专题三 新能源应用技术专业学习

学习目标

1. 了解新能源应用技术专业人才培养模式。
2. 了解新能源应用技术专业课程体系。
3. 了解专业学习需要的资源。
4. 初步掌握专业学习原理与学习方法。

一、专业人才培养模式

1. 校企合作推进专业办学体制、机制改革

首先要成立由政府、行业和企业的高层管理者等人员组成的新能源专业建设咨询委员会。专业建设咨询委员会主要研讨新能源行业发展现状、趋势及对高技能人才需求、新能源专业建设规划与人才培养模式、专业教育教学质量保障体系的构建、校企合作模式、校外实训基地建设与学生顶岗实习管理，以及政府、行业、企业、学校共同制定行业标准、共建职业技能鉴定站等。

同时要成立由行业企业的技术专家、校内外专业带头人和骨干教师等参加的新能源专业建设指导委员会，定期召开专业建设指导委员会年会。结合专业调研，在实践专家的指导下，分析和提炼出新能源专业的典型工作任务，并构建与核心职业技术相应的学习领域（核心课程），形成职业技术课程体系。

依托专业建设咨询委员会和专业建设指导委员会，探索共同制订《校企合作管理办法》《校企"人员互聘、职务互兼"专业教学团队建设实施办法》《院外实训基地管理办法》《学生顶岗实习管理办法》《顶岗实习教学管理规定》《专业人才培养方案制（修）订工作的指导意见》《"双师"型教师认定及管理办法》《校外实践教学活动经费使用管理办法》《课程建设管理办法》《工学结合一体化课程教学设计规范》《聘请教师任课办法》等一系列的管理制度，促进专业的发展。

2. 探索并实践"一线四平台"人才培养模式

秉承"学必期于用，用必适于地"的办学理念，深化"知行并进、学做合一"人才培养模式改革，充分发挥学校和企业双元育人主体作用，探索并实施以新能源技术应用为主线，以典型太阳能、风能系统应用为载体，职业能力不断递进的"一线四平台"工学结合人才培养模式。其工学结合人才培养模式的结构如图3-1所示。

"一线四平台"工学结合人才培养模式内涵包括以下几方面。

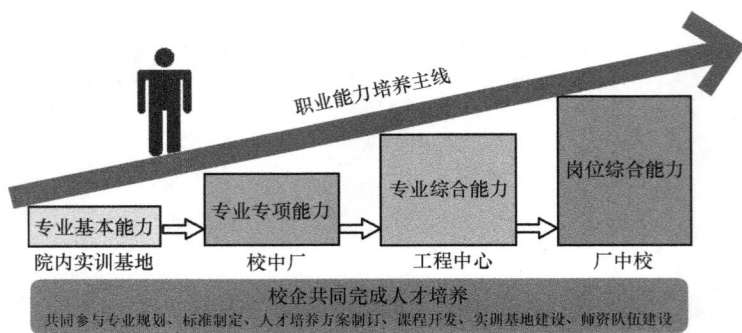

图3-1 "一线四平台"工学结合人才培养模式结构图

一线：以学生职业岗位能力需求为核心，以职业能力培养为主线。

一级平台：依托新能源技术专业的校内实训基地，进行专业基本能力训练，着重培养学生的专业基础能力。为达到新能源应用技术专业及专业群"高端技能人才"培养目标的要求，规划建设高水平的新能源工程训练中心和电子技术生产性实训室，营造职业氛围，注重职业素质教育。

二级平台：依托校内实训基地的"校中厂"开展工学结合课程教学，主要学习电机、电气控制、风能应用、太阳能发电、太阳能光热利用等专项课程，着重培养学生专业专项能力、方法能力和社会能力。

三级平台：依托科技创新与服务平台，开展专业综合项目化课程的教学，培养学生专业综合能力，让学生直接参与科技机构的纵向或横向项目的研发，开展高端技能和创新人才培养，体现高端技能人才特征。

四级平台：依托校企共建"厂中校"平台，培养学生对职场环境的适应能力和生产一线的实际操作技能及将所学专业知识与技能运用于生产实际的岗位综合能力。主要选择紧密型校外实训基地，共建"厂中校"，让学生以企业员工身份进行顶岗实习，为就业奠定基础。

二、专业课程体系

1. 基于社会生活和工作过程，构建专业"双基导向"的课程体系

依据新能源专业人才培养目标和职业岗位能力要求，结合职业成长规律，构建并实施"基于社会生活系统化"的公共课程体系和"基于工作过程系统化"的专业课程体系的"双基导向"课程体系。

（1）基于"社会生活系统化"的公共基础课程体系构建。按照"基于社会生活过程系统化"的高职公共课程体系设计理念，即以培养"积极参与社会生活，学会做人，增强可持续发展能力"为目标，围绕学生未来必备的社会生活素质要求，将典型社会生活情境（问题、情景、事件、活动、矛盾）转化为学习情境，设计由思想政治教育类、生活通识与通用技能类、身心健康类、审美与人文类、就业与创业类模块等构成的系统化公共课程，形成必修、选修有机融合的公共课程实施体系。必修课主要包括 "入学教育""国防教育""毕业

教育与入职准备"等15门课程。

"基于生活过程系统化"的公共课程体系如图3-2所示。

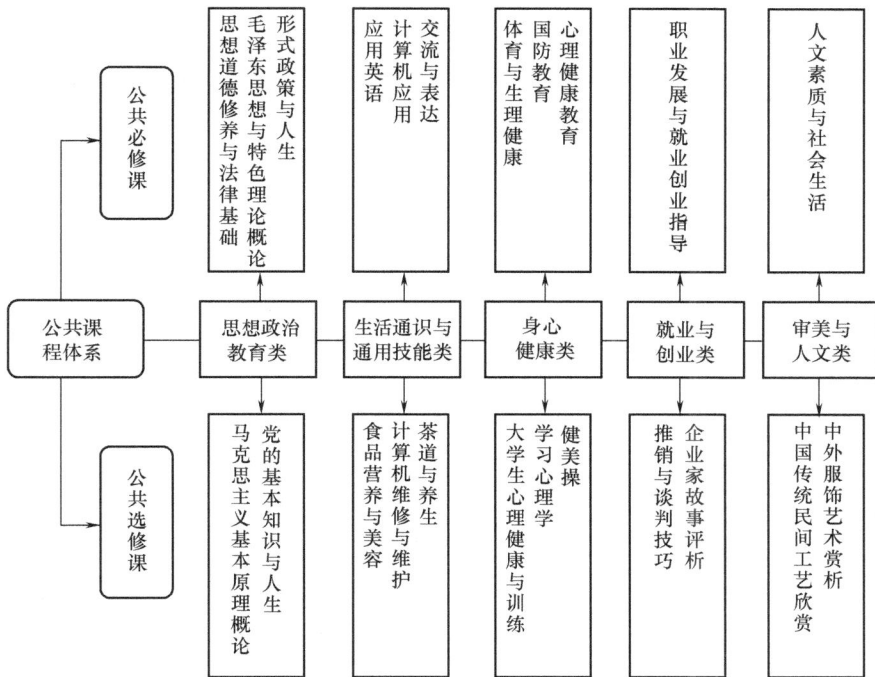

图3-2　"基于生活过程系统化"的公共课程体系示意图

（2）基于"工作过程系统化"的专业课程体系。专业课程体系按照基于"工作过程系统化"的理念进行开发和建设，即通过专业调研及召开实践专家访谈会，根据主要职业岗位群，分析出代表性工作任务，分析需要具备的职业资格证书，进而提炼出专业典型工作任务，构建与核心职业技术相应的学习领域（核心课程）、开发思路及流程如图3-3所示。新

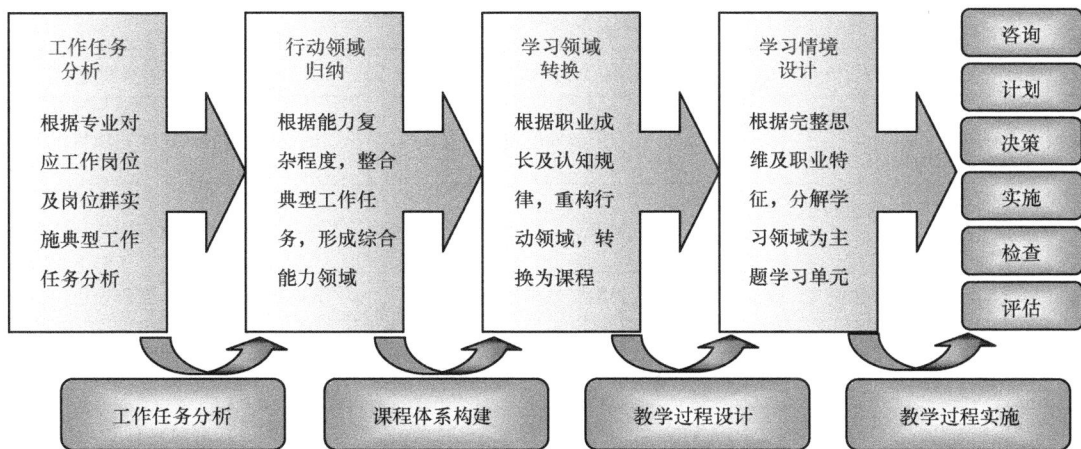

图3-3　专业课程体系开发流程

能源应用技术专业岗位群、代表性工作任务以及需要的职业资格证书，见表3-1，专业典型工作任务与学习领域（课程）见表3-2。

表3-1　专业岗位（群）工作任务与职业资格分析表

主要职业岗位（群）	代表性的工作任务	相关职业资格证书
生产设备操作与维护	①设备操作，参数设置，调整、运行状态控制 ②备维护保养、运行情况记录 ③设备故障的检测与排除	维修电工（中级）
风力发电机组的选型、检测、维护	①机械图样的识读 ②风力发电机的组装 ③风力发电机的保养与检修	AutoCAD（中级）风力发电检修工
风力发电系统的安装、调试、检修、监控	①风力发电系统的设计及相关单元的电路设计 ②风力发电系统的安装、调试、检测、维修 ③风力发电站系统的远程监控	风力发电检修工
太阳能电池组件的生产、检测	①电池片的分选、检验 ②电池片的划片、焊接、层压、装框 ③电池组件的性能测试	太阳能利用工
太阳能发电系统的安装、调试、检修、监控	①太阳能发电系统的设计及相关电子产品或单元电路设计 ②太阳能发电系统的安装、调试、检测、维修 ③太阳能电站系统远程监控	维修电工（中级）太阳能利用工
太阳能光热系统的安装调试	①太阳能热水器的生产、检验、销售 ②集中供暖系统的设计、安装、调试、检测、维修 ③太阳能集热管的生产、检验、销售，生产调度、品质管理、售后服务等	太阳能利用工

表3-2　典型工作任务与学习领域（课程）一览表

序号	典型工作任务及描述	核心课程名称/学习领域	支撑核心课程的实训项目
1	太阳能电池组件的分选、检测，太阳能发电系统的设计	太阳能发电技术与实践	"太阳能发电技术"课程项目化训练
2	风力发电机组的组装、检测，风力发电系统的设计	风力发电技术与实践	"风力发电技术"课程项目化训练
3	太阳能光热系统的安装、调试与检修	太阳能光热技术与实践	"太阳能光热技术"课程项目化训练
4	风力发电系统的安装、调试、检测，太阳能发电系统的安装、调试、检测	风光互补发电系统设计与施工	"风光互补发电系统设计与施工"课程项目化训练
5	风力发电站系统远程监控，太阳能电站系统远程监控	太阳能、风能电站远程监控技术与实践	"太阳能、风能电站远程监控技术"课程项目化训练

2."公共基础课程+职业技术课程"的课程体系

（1）公共基础课程体系。根据国家素质教育的总体目标与新能源专业的专业特点，本专业公共基础课程含必修课和选修课两类课程。必修课主要指基本涵盖学生适应未来第一工作岗位所需的基本知识和技能，由学院统一安排，包括入学教育、国防教育、毕业教育与入职准备等全院公共基础课。具体课程见表3-3教学计划表中的公共基础课。

表3-3　新能源应用技术专业教学计划表

课程类型	课程名称	课程代码	总学分	总学时	各学期周学时数/周数						备注
					一	二	三	四	五	六	
公共基础课	入学教育	Q0007	0.5	6	6/1						
	思想道德修养与法律基础	M0005	3	48	3/8M	3/8E					
	应用英语	F3005	10	160	6/12M	6*/14+4*/1					
	心理健康教育	F9001	1	16	2/4M	2/4E					
	计算机应用	F6001	3.5	56	4/14						
	国防教育	N0007	2.5	136	56/2+12/2						
	形势政策与人生	M0009	1	32	2/3M	2/3M	2/3M	2/4E			
	职业发展与就业创业指导	F8001	1.5	24			2/3M	2/3M	2/3M	2/3E	
	校园文明素质养成	Q0003	1	24	2/2M	2/2M	2/2M	2/2M	2/2M	2/2E	
	体育与生理健康	N0008	6.5	108	2/18M	2/18M	2/18E				
	人文素质与社会生活	M0010	2	32		2/3M	2/4M	2/4M	2/4E		
	机电应用数学	F7001	4	64	4*/16						
	交流与表达	F4012	2.5	40		4/10					
	毛泽东思想和特色理论概论	M0011	4	64			2/16M	2/16E			
	毕业教育与入职准备	Q0004	0.5	12						24/0.5	
职业技术课	专业认知与职业规划	B1135	1.5	24	4/6						
	电工基础	B1026	3	48	4*/12						
	模拟电子技术	B1028	4.5	72		前6*/12					
	数字电子技术	B1102	4	64		后8*/8					
	AutoCAD专项技能训练	B2088	2	48		24/2					
	风力发电技术	B1113	5	80			8*/10				
	电气控制设备安装与调试	B3132	4.5	72			8*/9				
	单片机应用技术	B1134	6	96			8*/12				
	维修电工实训	B3102	2	48			24/2				
	太阳能发电技术	B1114	5	80				8*/10			

课程类型	课程名称	课程代码	总学分	总学时	各学期周学时数/周数						备注
					一	二	三	四	五	六	
职业技术课	PLC控制系统设计与应用	B3128	4.5	72				前8*/9			
	变频驱动装置调试	B3090	6	96				后8*/12			
	太阳能光热技术	B1116	3	48				4/12			
	印制电路板设计与制作	B1137	3	72					24/3		
	风光互补发电系统设计与施工	B1122	5	80					8*/10		
	工厂变配电系统运行与维护	B3089	3.5	56					8*/7		
	太阳能、风能电站远程监控技术	B1129	3	48					4*/12		
	顶岗实习	B1144	8	360					24/5M	24/10E	
	毕业设计与考核	B1145	4	48						24/2	
说明	1.本专业学生需要修满131学分方可毕业，其中必修课应达到121学分，选修课应达到10学分。 2.本表所列课程为必修课程，总学时为2334学时，占总学时比例为93.6%。 3.*号表示该课程为考试课。 4.含有字母M、E的课程为分学期实施课程，M表示中间学期，E表示结束学期。										

（2）职业技术课程体系设计。职业技术课程体系按照基于"工作过程系统化"的理念进行开发和建设，完成职业技术课程的规划。新能源应用技术专业具体课程见表3-3教学计划表中职业技术课。

3. 学分要求

（1）毕业所需学分与学时说明。新能源类专业毕业所需总学分往往根据人才培养目标而定，太少不利于学生的知识与能力的培养，太多不利于学校资源的合理利用。江苏工程职业技术学院的新能源应用技术专业，要求学生毕业时需完成131学分，其中必修课为121学分，占总学分的92.4%；选修课学分10分，占总学分的7.6%。

总学时为2494学时，其中必修课2334学时，占总学时的93.6%，选修课程160学时，占总学时的6.4%；集中实践教学26.5周，636学时，占总学时的25.5%。

（2）选修课学生要求。选修课旨在针对学生所学专业和个人兴趣，完善知识技能结构，培养、发展兴趣特长和潜能。我院选修课分为专业选修课和全院公共选修课。其中，专业选修课大多为专业课程，是掌握专业知识的重要途径，一般只有本专业的学生可以选，每个专业修习专业选修课一般不超过4学分；全院公共选修课分为身心健康类、生活通识与通用技能类、就业与创业类、公共艺术类和社科人文类共五类，每类修读以2学分为限。学生修读选修课达到10学分方可毕业。学生所取得的奖励学分可等值转换为选修课学分。

江苏工程职业技术学院的新能源应用技术专业设计了专业选修课共4学分，从表3-4课程中选取。

表3-4 专业选修课程清单

课程名称	课程代码	课程总学时	学分	建议开课学期
电子元器件技术	BX008	32	2	二
环境与质量管理	BX052	32	2	二
能源经济与节能技术	BX056	32	2	三
现代制造技术	BX009	32	2	三
检测技术	BX001	32	2	四
物联网通信技术与应用	BX057	32	2	四
工控组态软件应用技术	BX037	32	2	四

（3）学分奖励说明。为了多渠道培养学生综合能力，可以鼓励学生参加社会实践活动和各类大赛，学校可以给予一定学分奖励。如每学年暑假安排2周职业见习活动，可取得学分奖励（学校应设定有关学分奖励规则），如参加国家级技能大赛或科技创新大赛等，根据获奖等次可取得学分奖励1～4分，参加省部级技能大赛或科技创新大赛等，根据获奖等次可取得学分奖励0.5～2分。

三、专业学习资源

1. 教学团队

没有好的教学团队，难以适应专业建设的需要，为此加强师资队伍建设，努力提高专业建设水平，是所有高职院校的共识，如新能源这类在专业能力上有所交叉的专业更是如此。江苏工程职业技术学院的新能源应用技术专业拥有专任教师16名，其中江苏省"333高层次人才培养工程"中青年科学技术带头人1人，南通市"226人才工程"创新创业领军人才1人，江苏省"青蓝工程"中青年学术带头人1人，副高以上职称8名。行业企业引进高能力人才2人，3人拥有长期从事工程设计、重大科技项目的实施或管理的经历。结合"江苏省风光互补发电工程技术研究开发中心"的建设与运作，更是提升了广大教师的专业技能，近年获得的省市项目立项也越来越多。

2. 教材与资源库建设

一个成功的专业离不开合适的教材，新能源类专业是近年较新设立的，高职教材少、工学结合教材更少。近年来，江苏工程职业技术学院新能源专业教学团队分别与江苏龙源风电有限公司、江苏汉能风电股份有限公司、欧贝黎新能源科技股份有限公司、南通昭扬电子科技有限公司、南通富士特电力自动化有限公司等企业合作，共同开发了《太阳能发电技术》《风力发电技术》《太阳能风能电站远程监控技术》《风光互补发电系统设计与施工》《变频器系统安装与调试》《太阳能光热技术》等多门工学结合课程和教材，并以此带动和引领了专业主干课程改革和教材建设，建成了包括课程标准、教学计划、教学方案、多媒体课件、项目化教材等内容为核心的主干课程教学资源库，与欧贝黎新能源科技股份有限公司合作，共建数字传输课堂，将太阳能企业的生产过程、工作流程等信息实时传送到课堂，使企业兼职教师在生产、工作现场直接开展专业教学，实现校企联合教学。与南通市职业技能鉴定中心合作，建设完成太阳能利用工（中、高级）考核标准和题库。另外还完成了CAD题库的建设任务，出版了工学结合教材《机械CAD实用教程》。

3.科学研究

专业建设水平的提升，需要我们专业教师紧跟专业技术发展的步伐，能及时把行业发展的现状与专业建设结合起来，尤其是在专业技术方面不能落伍，由此需要我们专业教师积极开展校企合作和产学研活动，积极承担科技项目，努力提升自己的科学研究水平。江苏工程职业技术学院的新能源科技团队近年围绕以下内容开展了相应的科技活动。

（1）风力发电技术研究，克服一些共性难点，解决一些关键技术问题，保证发电机在无人工值守的恶劣环境下可靠运行，抗大风能力强，风能利用率高，并能自动精确对准迎风方向，提高输出功率同时兼顾调速和强风保护。

（2）围绕太阳能电池生产工艺、光伏智能充电与逆变技术、太阳能最大功率点跟踪与控制技术、太阳能电站系统监控管理技术等太阳能光伏技术，开展研究，突破一些关键技术，为江苏太阳能产业的可持续发展，提供有力的技术支撑。

（3）进行风光互补发电工程技术的技术攻关，整合风力发电技术与光伏发电技术，设计性价比较高，能长期稳定运行，无人值守的风光互补发电工程技术。整合电站系统监控管理技术与无线通信技术，能实时将电站相关信息，如电压、电流、风速、温度、发电量等参数传到系统管理中心。

（4）围绕风光互补发电工程技术安装维护技术开展研究，实现风光互补发电工程技术安装方便，维护容易的目标。开展模块化设计工作，各模块在系统软件管理下协调工作，各模块参数及故障告警信号可传到系统管理中心，管理中心可安排人员有针对性地快速维修（更换模块）。

（5）围绕太阳能光热开展技术研究，重点围绕与建筑一体化的太阳能热水器的研究，在玻璃绝热幕墙方面的技术优势（高绝热技术）方面有所突破。

（6）围绕电动汽车电源管理系统开展研究，尤其是电动汽车用磷酸铁锂电池管理技术的研究，包括放电特性、温度特性、损耗特性、寿命特性、充电特性等，同时针对电动汽车的用电特点进行分析研究，包括低速运行耗电特性、加速耗电特性、刹车电能回馈特性、工作温度特性、储存温度特性等，从而制订出电动汽车磷酸铁锂电池管理系统优选管理方案和精确剩余电量计算方案，完成系统总体方案的设计及样机系统制作。

4.实验实训条件

专业学习过程中离不开实验实训，尤其是具备"学中做、做中学"特点的高职教育。江苏工程职业技术学院新能源专业校内已建的实训室有"EDA实训室""太阳能光伏技术实训室""风力发电技术实训室""太阳能光热技术实训室""风光互补发电控制实训室""太阳能风能电站智能监控实训室""太阳能电池组件实训室"等理实一体化实训室，满足了专业教学的需要。

5.校外实训基地

在工学交替的大潮流下，高职教育必须开展校企合作，联合办学。缩短学校教学与企业用人需求之间的距离，争取实现无缝对接。江苏工程职业技术学院新能源专业在南通当地多家新能源骨干企业建立了校外实训基地，开展了工学交替的办学模式，尤其是为学生的顶岗实习提供了保障。

6.职业技能鉴定站建设

在课证融通的大背景下，在学校内建设职业技能鉴定站，可以使教学、考证有机融合，适应行业发展的需要。江苏工程职业技术学院与南通市职业技能鉴定中心合作，成立南通市首个太阳能利用工鉴定站，提升了专业服务社会能力。这是专业实训基地建设取得的重要成果，既保证了重点专业人才培养目标的实现，同时又扩大了专业影响力，"太阳能利用工鉴定站"服务于南通市各职业院校和市众多光伏企业，协助南通市职业技能鉴定中心为社会开展技能培训和鉴定工作，为光伏行业人力资源素质的提高提供了实践平台。经过两年建设，已建成了一个设备先进，集教学、技能培训、技能鉴定、技术研发与服务等功能于一体的院内高水平实训基地，同时又是职业技能鉴定站，极大地改善了实验实训条件，增强了办学实力。

四、专业学习原理与学习方法

1.学习的基本概念

学习是由于经验或实践的结果而发生的持久或相对持久的适应性行为变化。学习对于每个人而言是无处不在的，自觉或者不自觉地从环境、他人、自我中不断地总结改变。学习是通过教授或体验而获得知识、技术、态度或价值的过程，从而导致可量度的、稳定的行为变化，更准确地说是建立新的精神结构或审视过去的精神结构。

学习是一种既古老而又永恒的现象。由于不同的历史条件，不同的研究角度，也形成各种不同的学习观，纵观古今中外学者关于学习概念的论述，比较有代表性的有下列十种：一是说文解字说。在我国古代，学与习是分开讲的。《辞源》指出，"学"乃"仿效"也，通过观察、模仿、复制、内化来获得知识；"习"乃"复习""练习"也，即是复习巩固来提升个体的能力，以便能够适应现实的自然环境和社会环境。最早把学与习联系起来的是孔子，《论语》曰：学而时习之，不亦说乎！《礼记》又曰："鹰仍学习"。这就是学习一词的由来。二是行为变化说。行为主义认为"学习是一个行为变化的过程"。三是经验获得—行为变化说。《教师百科辞典》认为："学习是指人和动物在生活过程中获得个体行为经验的过程。"四是信息加工说。信息论学者认为："学习是学习者吸取信息并输出信息，通过反馈与评价得知正确与否的整体过程。"五是学习功能说。《现代汉语词典》中将学习解释为"从阅读、听讲、研究中获得知识或技能"。六是学习认识说。著名教育心理学家潘菽认为，"人的学习是个体掌握人类社会经验的过程""学生的学习是认识的一种特殊形式"。七是学习活动说。军队学者朱兆民认为，"学习是在师授、书授（自然条件）等外部因素影响下，个体自我修养、自我教育的一种社会活动。"八是学习"求知"说。谢德民在《论学习》中指出："学习的定义用最一般、最简单、最本质的表述是求知。"九是学习"效应"说。学习说研究者寇清云认为，"学习过程是产生效应的过程"。十是学习"内化"说。中央教科所潘自由认为学习是"客观世界在主体中内化并使主体发展的过程"。上述十种学习观各有其合理的方面，为我们充分认识学习的本质提供了十分有益的启发。

2. 学习的分类

学习有广义和狭义之分，如图3-4所示。

广义学习：为人类和动物所共有的心理现象，是生物适应环境的重要体现。

狭义学习：获得理论知识与实践技能，发展智力并锻炼体能。

3. 学习的心理条件

智力因素：思维力、想象力、观察力、记忆力，智力因素偏理性思维。

非智力因素：兴趣、情感、意志、性格，非智力因素偏感性思维。

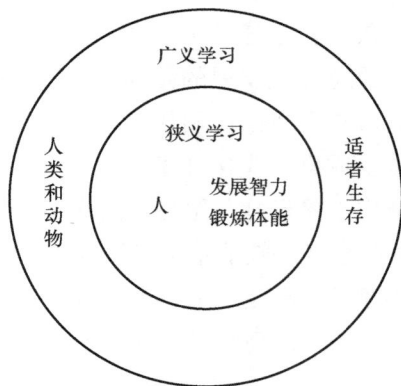

图3-4 学习的分类图

学习过程中应该同时调用感性与理性思维，互助互补，同时应该注重发挥主观能动性，主观的意愿是所有条件发挥作用的主导。

同时，由于学习与生活环境的改变，中学与大学教学模式的差别，心理上的变化不可避免，学业有竞争，人际变化迅速，就业有压力。可以通过培养有益的爱好，树立良好的学习动机；学会管理时间，学习生活与课余生活双丰富；并与社会增加接触，多融入社会，多了解社会等途径强化自身的心理素质。

4. 学习的阶段性

学习知识的过程分为选择、领会、强化和应用四个阶段。

①选择阶段：是知觉选择的过程，不同的对象对老师讲授的内容，会产生不同的注意点，因而会有选择地运用视听触嗅等知觉进行感知。这个阶段是知识学习的初始阶段，关键在于引起听者的注意并激发学生的响应，这时获得的知识属于感性认识，对讲授的内容并未透彻理解。

②领会阶段：是进行理解的过程。领会需要悟性，是指理解知识的意义及结构关系。在

此过程中，学生根据已有的知识经验去领悟新的知识，并且将新知识融入旧的知识结构中，从而理解事物的本质，并期望提炼出其中的规律，在此过程中，将个别事物和现象进行聚类，概括为普遍的原理；或将普适的原理具体化，赋予特殊的外延来解释个别事物和现象。

③强化阶段：是进行记忆储存的过程。所学知识须通过记忆才能在头脑中不断强化，从而可以形成长久记忆，若一学就忘，就谈不上知识的学习。强化和遗忘总是此消彼长，为了保持知识，就要科学地不断强化，并将所学知识时常应用于现实，只有不断地应用知识，才能做到不为记知识而记知识，让知识活在记忆中。

④应用阶段：是知识用于实际的过程。所有的知识都具有实际的应用意义，不管是当下赋予其应用，还是将来赋予其应用。知识的应用是前三个阶段的集成与检验。同时还是促进新旧知识和不同领域知识发生相互融合、相互启发的主要途径。应用知识的形式丰富多彩，可以在脑袋里揣摩设想、可以在课堂里实验操作、也可以在生活中实践检验等。

5. 如何学好新能源专业

高职教育的目标是培养学生成为知识技能型人才，既具备较高的专业理论水平，又具备较高的操作技能水平，能够将所掌握的理论知识用于指导生产实践，创造性地开展工作，在新兴的高新技术产业中尤其需要具备这样素质的人才。有这样一句格言：知识、能力和素质是一种递进包含关系，知识是能力的基础，二者又是素质存在和提升的逻辑前提。只有将知识、能力和素质融合在一起，才能让学生在进入工作岗位后，迅速融入生产、建设、管理和服务的第一线，同时新能源专业的特点是涉及电力学、热力学、材料科学等多门学科，覆盖知识面广泛，多学科间相互交叉。因此，在有限的三年学习生活中，如何学好本专业是摆在每位同学面前需要思考的重要问题。

知识和技能的学习是新能源专业学生学习活动中最基本的内容，其目的是为了教会学生怎样去解决问题，并在问题的解决中得到创造性的提高。首先，要认同自身的专业，这需要一个过程，并会随着自身知识和眼界的积累，而逐渐提升。其次，知识和技能不是对立的，两者互助互长，怎样更好地融合它们，需要从中慢慢体会。最后，凡事都会有低潮和挫折，要秉持"行行出状元"的思想，坚持不懈地努力提高自己的专业素养，争取获得成功。

知识是技能的基础与理论支撑，与技能学习相辅相成。新能源专业涵盖多门学科，在学习中，应捋清各学科间的关系。每门学科有共性也有特性，应分清主次，注意全面了解的同时，又做到有所侧重的去钻研。首先，学好每一门课程，了解和掌握它们的架构和主要思想。其次，将相近课程融会贯通，触类旁通，更深层次地了解学科所处的位置与发展方向。最后，提高自己的悟性，更高角度地对不同课程归纳分析，寻找出更具普遍性的方法论和适合自己的解决问题的方式。

最后需要强调的是，动手能力是高职培养的重点。动手技能形成的基本环节包括认知阶段、联结阶段、自发阶段，针对高职院校培养应用型人才的目标，同学们尤其应该注重动手实践的能力，以及在动手的过程中培养悟性，心灵才能手巧，动手的时候时时刻刻都要做个有心人，注意点滴的积累，努力做到在今后步入工作岗位的时候，能够更快地适应和融入。同时，学校还会积极组织同学参加各类技能大赛与实践创新，如工业和信息化部所属人才交流中心举办的全国电子专业人才设计与技能大赛、省教育厅举办的大学生实践创新项目等，促使同学们在比赛的实战中促进技能的提高。

思考题

1. 专业课程体系设置需要考虑哪些要素？

2. 专业学习资源主要有哪些方面，分别起到什么作用？

3. 高职教育中的学习具有怎样的特点，尤其应该在哪些方面得到注重和加强，请结合自身的理解，加以阐述。

专题四　新能源应用技术专业见习

一、校内专业见习

新能源专业校内实训室一般包含专业基础课程实训室和专业课程实训室两大类。专业基础实训室主要针对专业基础课程开设，包括模拟电路实训室、数字电路实训室、电力电子实训室、单片机实训室、PLC［可编程逻辑控制器（Programmable Logic Controller）］实训室、变频器实训室和工厂供电实训室。此类实训室主要针对电气大类专业学生开设，具有通用性，在此不进行详细介绍。针对新能源行业的不同培养方向，新能源专业课程实训室一般包含太阳能光热利用实训室、太阳能光伏发电实训室、风力发电实训室、风光互补发电实训室和太阳能远程监控实训室等。此类实训室主要针对新能源专业学生开设，针对所对应课程开设，下面进行分别介绍。

1.太阳能光热利用实训室

太阳能光热利用实训室主要针对太阳能光热利用课程的相关实训项目开设，是新能源专业的一个重要培养方向。该实训室主要开展集热器的组装与性能测试、家用太阳能热水系统的安装与故障检修、太阳能热水器智能控制系统设计、民用建筑太阳能供热设计等项目。

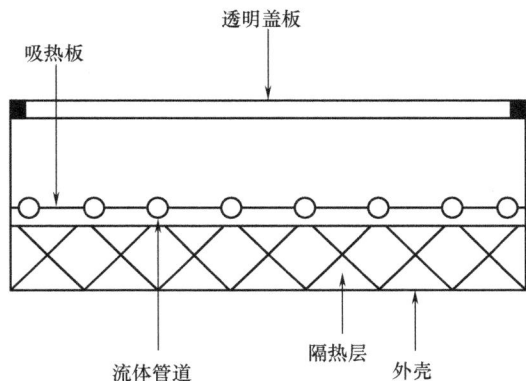

（1）集热器的组装与性能测试。对太阳热能的利用，历史悠久，获取便捷。而太阳能集热器是绝大多数太阳能热利用系统的关键组成部分，集热器的优劣直接决定着热利用的效率高低。若某太阳能热水系统需要平板集热器（图4-1）进行光热转换，分析集热器的原理与结构，选择合适的材料充当透明盖板、吸热板、流体管道、隔热层与外壳。组装制作简易的平板集热器，并进行热性能测试。

图4-1　平板集热器的结构示意图

吸热板　透明盖板　流体管道　隔热层　外壳

该项目要求学生掌握以下内容：

①深入理解集热器的原理与结构。

②组装集热器并进行热性能测试。

（2）家用太阳能热水系统的安装与故障检修。太阳能热水器顾名思义，就是指获取太阳的热量，对热水器中的水进行加温的设施，绿色清洁，属于对新能源的利用。除此之外，常见的热水器还有电热水器与燃气热水器，使用的则是常规能源。太阳能与水的结合在客观世界中处处存在，小到平日里的衣物晾晒，大到时刻进行的大气水循环，一般而言，太阳能利用的基本方式可以分为光—热利用、光—电利用、光—化学利用、光—生物利用四类，家用太阳能热水器属于其中的光热利用，也是成本较低的一类，因此得到了大量普及。故而对家用太阳能热水器的原理、结构、安装、检修的了解与掌握显得很有必要，在此基础上，利用专业化的软件对以热水器为核心的太阳能光热系统的优化设计，则是今后发展的必然趋势。该项目要求学生掌握以下内容。

①深入理解家用太阳能热水器的原理与结构。

②掌握家用太阳能热水器的安装与检修的方法。

③初步掌握利用相关设计软件对太阳能光热系统进行优化设计的基本方法。

（3）太阳能热水器智能控制系统设计。太阳能热水器使用方便，节能，无污染，普及推广迅速。目前市场上太阳能热水器的控制系统大部分都存在着或多或少的缺点：功能单一、操作复杂、控制不方便等。随着人们生活水平的提高和电子技术的发展，这样的太阳能热水器控制系统越来越不适应人们的生活需求，开发一种控制方便、操作灵活的太阳能热水器的管理控制系统，有利于更好地使用太阳能热水器系统。

要求以单片机作为核心部件设计智能管理控制系统，实时采集温度和水位数据，并设置报警系统，当水位不符合某一标准时发出报警信号（高、低水位报警控制），当水温不符合设定的温度时发出报警，还有定时提醒加水的功能，以及辅助能源加热功能。

（4）民用建筑太阳能供热设计。现代建筑为满足居住者的舒适要求和使用需要，具备供暖、空调、照明等一系列功能，用太阳能代替常规能源提供建筑物的上述功能要求，即为太阳能建筑。太阳能在建筑中的应用，主要包括采暖、降温、干燥以及提供生活和生产用热水。通常，把利用太阳能采暖或降温的建筑物称为太阳房。要求了解太阳的结构及工作原理，并结合自己所在省份的太阳能资源情况，提出被动式太阳房的设计方案。

此外，人类利用太阳能历史最悠久、应用最广泛的应属太阳能干燥。自古以来人们利用太阳能把食品、农副产品干燥加工，保存起来。这种直接的摊晒、晾晒的干燥方法算是最直接的被动式太阳能干燥应用。随着太阳能热利用事业的深入发展，出现了太阳能干燥器、太阳能干燥间，更好地利用太阳能来干燥物品。要求了解太阳能干燥器、太阳能干燥间的结构及工作原理，结合所在省份的太阳能资源情况，为某一农副产品提供干燥间设计方案。

2. 太阳能光伏发电实训室

太阳能发电实训室的使用是在《电工基础》《太阳能光热技术》等课程结束后，针对《太阳能发电技术》课程所开设的教学实训环节，是培养学生职业技能的一个重要组成部分。通过进行太阳能发电系统基本操作与基本技能的训练，使学生掌握系统设备运行维护和安装的操作技能，培养和提高学生正确分析和解决光伏发电系统实际问题的能力，以及常用仪器、仪表的使用方法。同时，通过锻炼使学生掌握太阳能发电系统设计与组装的基本方法和基本技能；经过锻炼，能够有效提高学生系统分析和阅图的能力。一般开设新能源专业的学校光伏发电实训室均具有光伏组件生产和检验的相关设备，此类设备与企业生产设备和生产流程基本相同，本教材将其放在校外见习章节介绍。本节主要介绍太阳能光伏发电系统组装、检验相关实训项目，包括光伏发电系统的安装、调试、工具使用和文明生产四项基本能力的培训。

（1）离网型光电系统的安装训练。具体安排如下。

①太阳能光伏组件的安装训练：组件安装地点无遮挡、太阳能电池支架、电池板的螺丝、电缆的选型（抗高低温和紫外线老化）、电缆的密封引出、安装方向/角度、接头处注意牢靠和防腐、接线箱（含防反二极管和防雷保安器）、太阳能电池方阵间距以及方阵支架的接地等。

②蓄电池的安装训练：安装位置尽可能靠近太阳能电池的进线和控制器，电缆和接头的选择与连接（最好事先做好），蓄电池的安装方向、安装顺序和安全，防止短路（使用绝缘工具），接头注意绝缘、牢靠和防腐蚀，开口电池安装时要注意不要泄露（需单独放置）等。

③控制器的安装训练：户用控制器一般已经安装在一体化机箱内。安装时注意先连接蓄电池，再连接太阳能电池和输出，连接时注意正负极性并注意接线质量和安全性。

④逆变器的安装训练：小型户用逆变器一般已经安装在一体化机箱内。接线前先将逆变器的输入开关放置于断开状态，然后接线，接线时注意正负极性并注意接线质量和安全性。接好线后首先测量从控制器过来的直流电的电压是否正常，如果正常再打开逆变器的输入开关。

⑤其他设备的安装训练：户用系统还应包括负载（灯具、电视等）、开关、插座的安装，同样要注意电缆的选取、安装的可靠性和安全性。

（2）离网型光电系统的调试训练。具体安排如下。

①太阳能电池组件的调试：安装结束后要检查正负极性，测量开路电压和短路电流，并检查接线质量。

②蓄电池的调试：安装结束（蓄电池和控制器的两侧都已连好）要检测蓄电池的电压、正负极性，并检查接线质量和安全性，开口电池还要检测电液比重。

③控制器的调试：安装结束后，首先观察蓄电池的电压是否正常，然后测量充电电流，如果条件允许，再观察蓄电池的充满保护和蓄电池欠压保护电压是否正确（一般出厂前已经调好）。

④逆变器的调试：安装结束后，如果输入直流电压正常，则在空载情况下（输出开关处于断开状态），打开逆变器的输出开关，等待逆变器的自检，测量其输出电压、检查负载电阻，若都正常且输出没有短路的情况下，打开输出开关，使逆变器工作，观察逆变器并在半

个小时后检查逆变器的温升。

（3）工具、设备的使用与维护。具体要求如下所述。

①工具的使用与维护：能正确使用常用电工工具、专用工具，并能进行维护保养。

②仪器、仪表的使用与维护：能正确选用测量仪表、操作仪表，做好维护保养工作。

（4）安全文明生产。

①正确执行安全操作规程，如低压电气技术安全规程的有关要求、电气设备消防规程、电气设备故障处理规程等。

②按企业有关文明生产的规定，做到工作地整洁，工件、工具摆放整齐。

3. 风力发电实训室

风力发电技术是新能源应用技术专业的一门核心课程。通过该课程的学习，学生应了解我国风能资源及开发状况，风力发电的发展史，掌握风力发电的基本原理及特点，风力发电系统的结构、原理及运行方式，掌握风电机组运行操作与故障处理，风电设备的安装、调试、检修与维护，并会撰写分析报告。一般开设新能源专业的学校，其风力发电实训室具有模拟风场、风速风向仪、风机偏航控制系统、绝缘电阻测试仪、风力发电逆变器、风力发电机测试平台等设备，并针对这些设备开展相关实验。

（1）组装模拟风场实验。

①观察模拟风场的组成：模拟风场由轴流风机、轴流风机框罩、测速仪、风场运动机构、风场运动机构箱、单相交流机、电容器、连杆、滚轮、万向轮、微动开关、护栏组成，如图4-2所示。

图4-2　模拟风场装置

轴流风机安装在轴流风机框罩内，轴流风机框罩安装在风场运动机构上，轴流风机提供可变电源。

风场运动机构由传动齿轮链机构组成，单相交流电动机和风场运动机构安装在风场运动机构箱中，风场运动机构箱与风力发电机塔架用连杆连接。当单相交流电动机旋转时，传动齿轮链机构带动滚轮运动，风场运动机构箱围绕发电机的塔架作圆周旋转运动，当轴流风机输送可变风量时，在风力发电机周围形成风向和风速可变的风场。

测速仪安装在风力发电机与轴流风机框罩之间，用于检测模拟风场的风速。万向轮支撑风场运动机构。微动开关用于风场运动机构限位。

②练习组装模拟风场：将单相交流电动机、电容器安装在风场运动机构箱内，再将滚轮、万向轮安装在风场运动机构箱底部。用齿轮和链条连接单相交流电动机和滚轮。将轴流风机安装在轴流风机支架上，再将轴流风机和轴流风机支架安装在轴流风机框罩内，然后将轴流风机框罩安装在风场运动机构箱上，要求紧固件不松动。在风力发电机塔架座上安装2个微动开关。用连杆将风场运动机构箱与风力发电机塔架座连接起来。根据风力供电主电路电气原理图和接插座，焊接轴流风机、单相交流电动机、电容器、微动开关的引出线，引出线的焊接要光滑、可靠，焊接端口使用热缩管绝缘。整理上述焊接好的引出线，将电源线、信号线和控制线分别接插在相应的接插座中，接插座端的引出线使用管型端子和接线标号。

（2）风速风向测试实验。

①风速风向仪的工作原理：风速风向仪是专为各种大型机械设备研制开发的大型智能风速传感报警设备，其内部采用了先进的微处理器作为控制核心，外围采用了先进的数字通讯技术。系统稳定性高、抗干扰能力强、检测精度高，风杯采用特殊材料制成，机械强度高、抗风能力强，显示器机箱设计新颖独特、坚固耐用、安装使用方便。

②测量风速和风向：

风速测量：旋下手柄（电池仓）下侧端盖，取出内部电池架，按电池架上标示电池方向装上三节AAA7号电池后将电池架装于电池仓内，电池架安装时注意正极朝向内侧（电池架装反时，打开电源开关仪器无显示），旋上电池仓盖，按下底部电源开关，仪器初始化显示"16025"，随后即显示风速及风级数据，进行风速及风级的测量时，仪器左侧显示的两位数据为风级（单位为级），右侧显示的三位数据为风速（单位为m/s），风级显示精度为级，风速显示精度为0.1m/s。

风向测量：在测量前应先检查风向部分是否垂直牢固地连接在风速仪风杯的回弹顶杆上，并下拉锁定旋钮向右旋转定位时，回弹顶杆将风向度盘放下，使锥形宝石轴承与轴尖相接。观测时应在风向指针稳定时读取方位读数。测量完成后，为了保护轴尖与锥形宝石轴承，应及时左旋转锁定旋钮并使其向上回弹复位，使回弹顶杆将风向度盘顶起并定位在仪器上部，使锥形宝石轴承与轴尖相分离。

（3）风机偏航控制系统实验。

①认识偏航控制系统结构：偏航控制系统一般分为两类：被动迎风偏航系统和主动迎风偏航系统。被动偏航系统多用于小型风力发电机组，当风向改变时，风力发电机通过尾舵进行被动对风。主动迎风偏航系统多用于大型风力发电机，由风向标发出的风向信号进行主动对风控制。由于风向经常变化，被动迎风偏航系统和主动迎风偏航系统都是通过不断转动风

力发电机的机舱，让风力机叶片始终正面受风，增大风能捕获率。

小型风力发电机多采用尾舵达到对风的目的。自然界风速的大小和方向在不断地变化，因此，风力发电机组必须采取措施适应这些变化。尾舵的作用是使得风轮能随风向的变化而作相应的转动，以保持风轮始终与风向垂直。尾舵调向结构简单，调向可靠，至今还广泛应用于小型风力发电机的调向。尾舵由尾舵梁固定，尾舵梁另一端固定在机舱上，尾舵板一直顺着风向，所以使得风轮也对准风向，达到对风的目的。

②观察侧风偏航控制系统：定桨距风轮叶片在风轮转速恒定的条件下，风速增加超过额定风速时，如果风流与叶片分离，叶片将处于"失速"状态，输出功率降低，发电机不会因超负荷而烧毁。变桨距风轮可根据风速的变化调整气流对叶片的攻角，当风速超过额定风速后，输出功率可稳定地保持在额定功率上，特别是在大风情况下，风力机处于顺桨状态，使桨叶和整机的受力状况大为改善。

小型风力发电机多采用定桨距风轮，本实训的风力发电系统安装了侧风偏航控制机构。该机构由直流电动机、接近开关、微动开关、传动小齿轮（减速作用）等构成。当测速仪检测到风场的风量超过安全值时，侧风偏航控制机构动作，使尾舵侧风，风力发电机风轮叶片将处于"失速"状态，风轮转速变慢，确保风力发电机输出稳定的功率；当风场的风量过大时，尾舵侧风90°，风轮转速极低，风力发电机将处于制动状态，保护发电机的安全。

（4）风力发电机性能测试实验。

①风力发电机测试平台的基本工作原理：风力发电机测试平台采用交流电动机带动风力发电机运转。交流电动机通过减速器与联轴器拖动永磁发电机转动，来模拟不同风况条件下永磁发电机的发电情况。发电机的输出通过开关连接到测试平台，测试平台通过测量负载电阻的电压、电流、功率等参数来研究发电机的转速与输出能量之间的关系。

②在测试平台安装风力发电机机头：如图4-3所示，将要测试的风力发电机组安装到测试平台上。

③风力发电机性能测试：启动测试平台，依次测量风力发电机空载特性曲线，负载特性

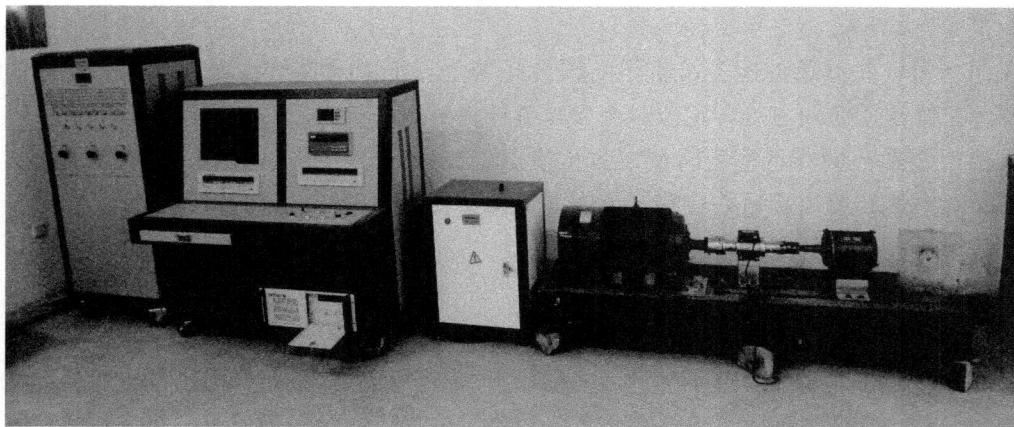

图4-3　风力发电机测试平台

曲线，输出电压与转速关系曲线等特征曲线。

4. 风光互补发电实训室

风光互补发电技术是新能源专业的一门核心课程。该课程的功能是培养学生的风力发电、光伏发电控制系统的设计、部件选型、设备的安装调试、常见故障的分析解决、报告撰写等专业能力。一般开设新能源应用技术专业院校均具有该实训室，且实训设备均选用全国职业院校技能大赛高职组"风光互补发电系统安装与调试"赛项指定使用的大赛设备——KNT-WP01型风光互补发电实训系统。

KNT-WP01型风光互补发电实训系统主要由光伏供电装置、光伏供电系统、风力供电装置、风力供电系统、逆变与负载系统、监控系统组成，如图4-4所示。KNT-WP01型风光互补发电实训系统采用模块式结构，各装置和系统具有独立的功能，可以组合成光伏发电实训系统、风力发电实训系统。

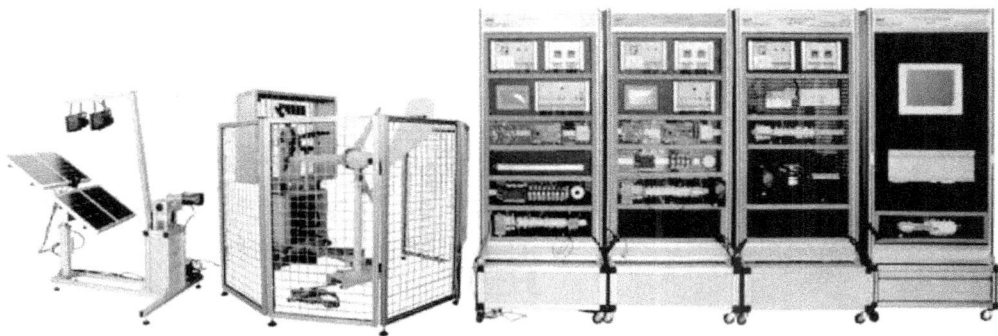

图4-4　KNT-WP01型风光互补发电实训系统

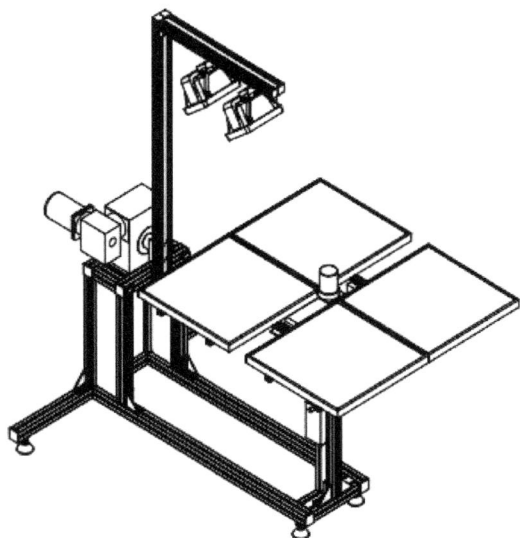

图4-5　光伏供电装置

（1）光伏供电装置的组成。光伏供电装置主要由光伏电池组件、投射灯、光线传感器、光线传感器控制盒、水平方向和俯仰方向运动机构、摆杆、摆杆减速箱、摆杆支架、单相交流电动机、电容器、水平运动和俯仰运动直流电动机、接近开关、微动开关、底座支架等设备与器件组成，如图4-5所示。

4块光伏电池组件并联组成光伏电池方阵，光线传感器安装在光伏电池方阵中央。2盏300W的投射灯安装在摆杆支架上，摆杆底端与减速箱输出端连接，减速箱输入端连接单相交流电动机。电动机旋转时，通过减速箱驱动摆杆作圆周摆动。摆杆底端与底座支架连接部分安装了接近开关和微动开关，用于摆杆位置的限位和保护。水平和俯仰方向运动机构由水平运动减速箱、俯仰运动减速箱、水平运动和俯仰运动直流电动机、接近开关和微动开关组成。水平运动和俯仰运动直流电动机旋转时，水平运动减速箱驱动光伏电池方阵作向东方向或向西方向的水平移动、俯仰运动减速箱驱动光伏电池方阵作向北方向或向南方向的俯仰移动，接近开关和微动开关用于光伏电池方阵位置的限位和保护。

（2）风力供电装置的组成。风力供电装置主要由叶片、轮毂、发电机、机舱、尾舵、侧风偏航机械传动机构、直流电动机、塔架和基础、测速仪、测速仪支架、轴流风机、轴流风机支架、轴流风机框罩、单相交流电动机、电容器、风场运动机构箱、护栏、连杆、滚轮、万向轮、微动开关和接近开关等设备和器件组成，如图4-6所示。

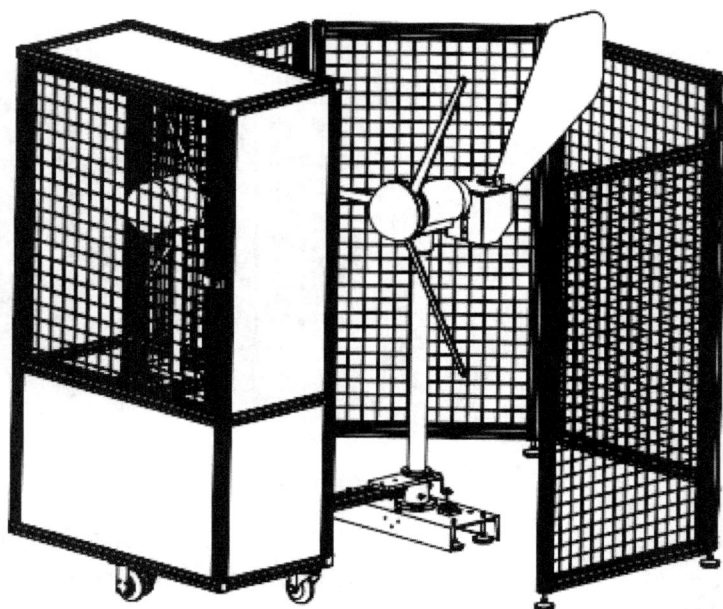

图4-6　风力供电装置

叶片、轮毂、发电机、机舱、尾舵和侧风偏航机械传动机构组装成水平轴永磁同步风力发电机，安装在塔架上。风场由轴流风机、轴流风机支架、轴流风机框罩、测速仪、测速仪支架、风场运动机构箱体、传动齿轮链机构、单相交流电动机、滚轮和万向轮等组成。轴流风机和轴流风机框罩安装在风场运动机构箱体上部，传动齿轮链机构、单相交流电动机、滚轮和万向轮组成风场运动机构。当风场运动机构中的单相交流电动机旋转时，传动齿轮链机构带动滚轮转动，风场运动机构箱体围绕风力发电机的塔架作圆周旋转运动，当轴流风机输送可变风量风时，在风力发电机周围形成风向和风速可变的风场。

在可变风场中，风力发电机利用尾舵实现被动偏航迎风，使风力发电机输出最大电能。测速仪检测风场的风量，当风场的风量超过安全值时，侧风偏航机械传动机构动作，使尾舵侧风45°，风力发电机叶片转速变慢。当风场的风量过大时，尾舵侧风90°，风力发电机处于制动状态。

（3）逆变与负载系统。逆变与负载系统主要由逆变电源控制单元、逆变输出显示单元、逆变器、逆变器参数检测模块、变频器、三相交流电机、发光管舞台灯光模块、警示灯、接线排、断路器、网孔架等组成，如图4-7所示。

（4）监控系统组成。监控系统主要由计算机、力控组态软件组成，如图4-8所示。

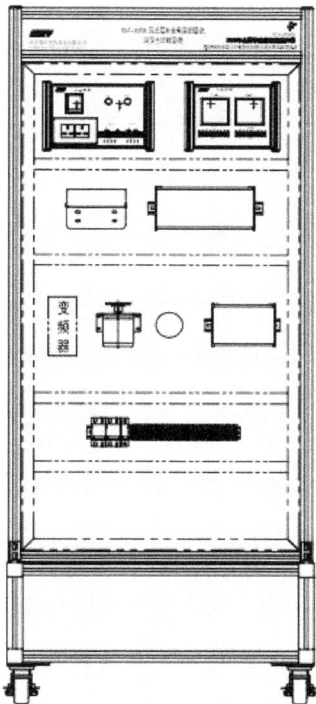

图4-7 逆变与负载系统组成

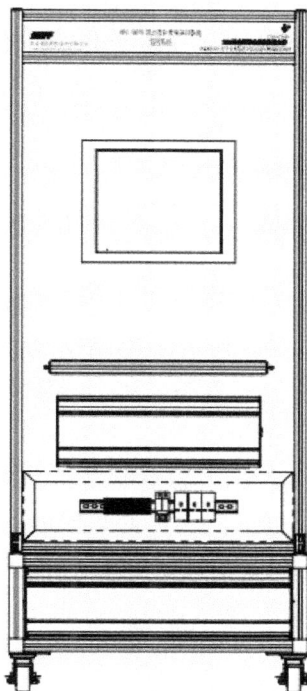

图4-8 监控系统

5. 风光互补发电远程监控实训室

风光互补发电远程监控课程需要学习包括离网型太阳能电站远程监控系统设计、离网型风能电站远程监控系统设计、户用风光互补电站远程监控系统设计、风光互补充电站远程监控系统设计等内容。本课程的学习是在结束《太阳能发电技术》《风力发电技术》《单片机应用技术》等专业课程的学习后设置的一段学习内容，为后续的《风光互补发电系统设计与施工》《顶岗实习》和《毕业设计与考核》等课程的学习打下坚实的基础。因此，风光互补发电远程监控实训室在新能源专业学生的培养中起到重要作用。

新能源智能监控系统融合了物联网传感器技术、嵌入式控制平台开发技术。可以完成新能源开发利用中的监测和控制。

风光互补发电远程监控实训室相关设备具有的底层采集和控制模块一般采用物联网技

术（ZigBee）实现，系统中使用的检测、控制、报警模块有温湿度传感器、光照度传感器、热释电（人体红外）传感器、风速仪、风向仪、电压测量模块、电流测量模块、语音报警模块和执行器模块等。其中温湿度传感器、光照度传感器、风速仪和风向仪用于检测周围自然环境状态；电压测量、电流测量用于检测发电设备的运行状态和蓄电池的工作状态；人体红外传感器可以检测能源开发区域是否有非法闯入者，配合语音报警进行警告和提示。为了方便远程访问控制，系统还可以通过通用分组无线服务技术［GPRS（General Packet Radio Service）］网络远程访问控制。

新能源智能监控系统由嵌入式交互控制中心、ZigBee 网络两大部分组成。为了方便远程访问控制，系统设计了GPRS远程访问控制功能。其中ZigBee 网络中的节点根据配备的不同模块可以划分为环境监测子系统、设备监测子系统和安防报警子系统。ZigBee 网络采用无线传输，节点有自组网功能，便于布置检测点。所有检测节点的数据通过ZigBee 网络的协调器节点传送到嵌入式控制中心。

嵌入式控制中心根据设定的程序对检测到的信息及时更新，并根据用户操作，执行控制。

（1）GPRS访问控制系统。通过GPRS远程访问控制系统，用户可以通过短信查询和控制系统中的设备。如今GPRS 网络覆盖范围已经十分广泛，所以可以随时方便地通过手机查询整个系统中设备运行状态、传感器数据，甚至在必要时，对系统的某些设备进行远程控制。

（2）环境监测子系统。环境监测子系统由ZigBee 网络中的若干检测节点完成：温湿度传感器节点、光照度传感器节点、风速检测节点、风向检测节点。这些节点可以检测电力设备周围的自然环境，并可以对数据进行记录。

（3）电力设备监测子系统。电力设备监测子系统由ZigBee 网络中的若干节点完成：太阳能发电电压电流检测节点、风能发电电压电流检测节点、蓄电池电压电流检测节点。这些节点可以对发电设备和供电设备的运行状态进行检测和记录。

（4）安防报警子系统。安防报警子系统由ZigBee 网络中的2 个节点完成：人体红外节点、语音报警节点。由于新能源开发设备一般分布在郊区或者人员较少的地区，人体红外节点可以检测到人员进入设备区域，通过语音报警节点进行警告。

二、校外专业见习

新能源专业包含面较广，因此无法一一进行详细介绍。本教材主要介绍太阳能光伏电池生产企业的相关生产流程及使用设备。太阳能电池生产分太阳能电池片生产和太阳能光伏组件生产两部分。一般均由天然硅原料经加工后生产成单片的太阳能电池片，而太阳能电池片不能直接用于发电，需经过再加工成为太阳能光伏组件才能用于发电。

1. 太阳能电池片工艺流程

太阳能电池片的生产工艺流程如图4-9所示。

目前，硅提纯工艺基本采用改良西门子法，即用氯和氢合成氯化氢（或外购氯化氢），

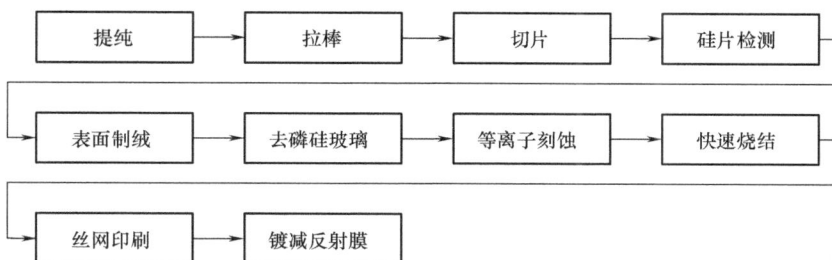

図4-9　太阳能电池片生产工艺流程

図4-10　氢还原炉

氯化氢和工业硅粉在一定的温度下合成三氯氢硅，然后对三氯氢硅进行分离精馏提纯，提纯后的三氯氢硅在氢还原炉内进行化学气相沉积（CVD）反应生产高纯多晶硅。提纯工艺生产现场如图4-10所示。

生产单晶硅电池时生产的硅棒，生产多晶硅时生产的硅锭。图4-11（a）为生产单晶硅电池时生产的硅棒，（b）为生产多晶硅时生产的硅锭。将硅料在单晶炉中融化后再经过一系列工序可生长成单晶硅棒子，对单晶硅棒进行后续机加工，得到单晶硅锭。多晶生长出来的形状由其生产工艺决定，有的是棒状，如西门子法和硅烷法生长的就是棒状，当然，敲碎了即为块状。

使用切片机器对硅锭/硅棒进行切片加工，则得到硅片，硅片是晶体硅光伏电池加工成本中最昂贵的部分。硅片切割是太阳能光伏电池制造工艺中的关键部分，太阳能电池所用硅片的切割成本一直居高不下，要占到太阳能电池总制造成本的30%以上，所以降低这部分的制造成本对于提高太阳能

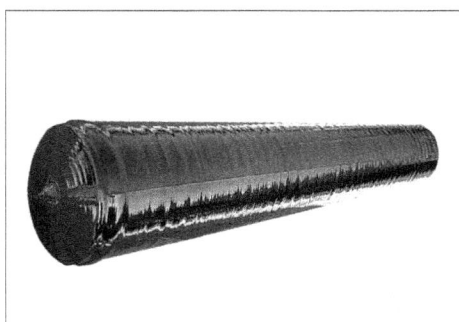

（a）

（b）

図4-11　硅棒与硅锭

对传统能源的竞争力至关重要。目前，硅片切割方法都是围绕如何减小切缝损失、降低切割厚度、增大切片尺寸及提高切割效率方面进行的。图4-12（a）为单晶硅片，图4-12（b）为多晶硅片。

（a）　　　　　　　　　　　　　　　（b）

图4-12　单晶硅片与多晶硅片

硅片是太阳能电池片的载体，硅片质量的好坏直接决定了太阳能电池片转换效率的高低，因此需要对来料硅片进行检测。该工序主要用来对硅片的一些技术参数进行在线测量，这些参数主要包括硅片表面不平整度、少子寿命、电阻率、P/N型和微裂纹等。图4-13为硅片检测仪。

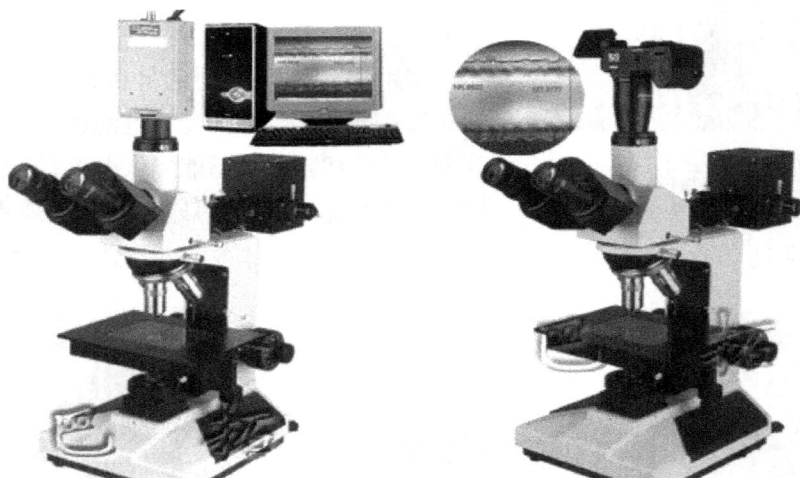

图4-13　硅片检测仪

经过表面准备的硅片都不宜在水中久存，以防沾污，应尽快扩散制结。太阳能电池需要一个大面积的PN结以实现光能到电能的转换，而扩散炉即为制造太阳能电池PN结的专用设备。制造PN结是太阳电池生产最基本也是最关键的工序。因为正是PN结的形成，才使电子和空穴在流动后不再回到原处，这样就形成了电流，用导线将电流引出，就是直流电。图4-14为扩散制结使用的扩散炉。

图4-14 扩散炉

太阳能电池片生产制造过程中，通过化学腐蚀法即把硅片放在氢氟酸溶液中浸泡，使其产生化学反应生成可溶性的络合物六氟硅酸，以去除扩散制结后在硅片表面形成的一层磷硅玻璃。图4-15为去磷硅玻璃用的全自动清洗机。

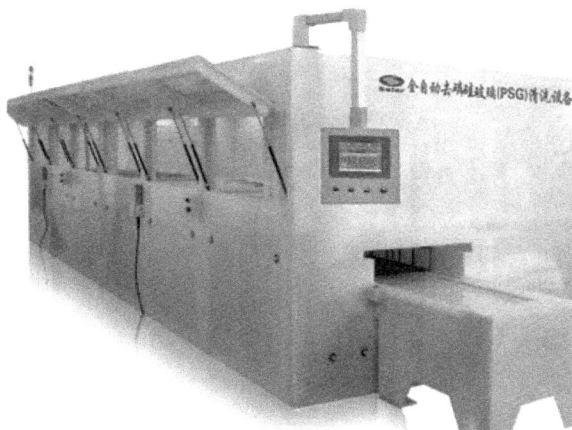

图4-15 全自动清洗机

由于在扩散过程中，即使采用背靠背扩散，硅片的所有表面包括边缘都将不可避免地扩散上磷。PN结的正面所收集到的光生电子会沿着边缘扩散有磷的区域流到PN结的背面，而造成短路。因此，必须对太阳能电池周边的掺杂硅进行刻蚀，以去除电池边缘的PN结。通常采用等离子刻蚀技术完成这一工艺。如图4-16所示为高密度等离子蚀刻机。

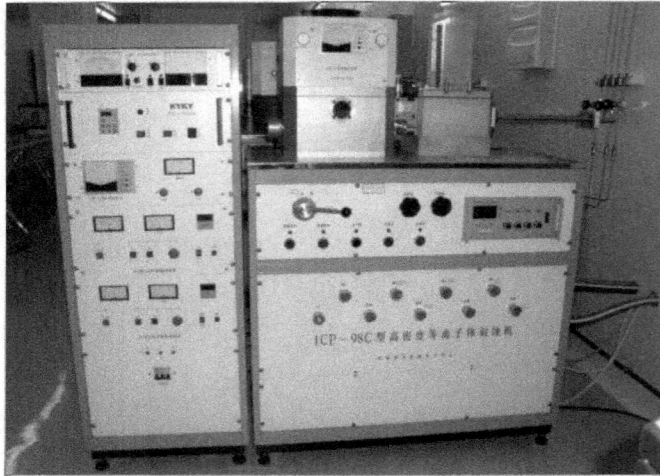

图4-16 高密度等离子蚀刻机

　　抛光硅表面的反射率为35%，为了减少表面反射，提高电池的转换效率，需要沉积一层氮化硅减反射膜。现在工业生产中常采用等离子体增强化学气相沉积（PECVD）设备制备减反射膜。太阳电池经过制绒、扩散及PECVD等工序后，已经制成PN结，可以在光照下产生电流，为了将产生的电流导出，需要在电池表面上制作正、负两个电极。制造电极的方法很多，而丝网印刷是目前制作太阳电池电极最普遍的一种生产工艺。如图4-17所示为全自动丝网印刷机。

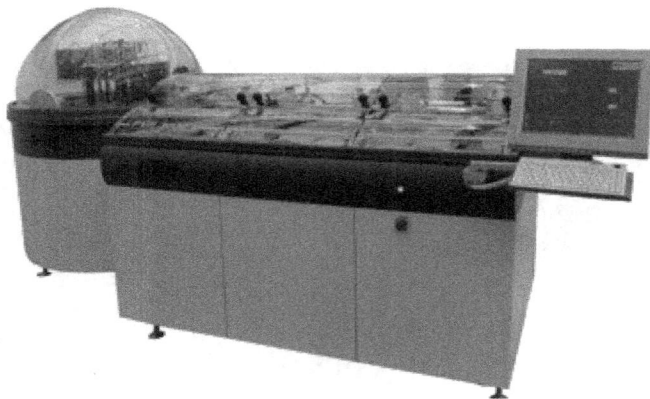

图4-17 全自动丝网印刷机

　　经过丝网印刷后的硅片，不能直接使用，需经烧结炉快速烧结，将有机树脂黏合剂燃烧掉，剩下几乎纯粹的、由于玻璃质作用而密合在硅片上的银电极。当银电极和晶体硅在温度达到共晶温度时，晶体硅原子以一定的比例融入到熔融的银电极材料中去，从而形成上下电极的欧姆接触，提高电池片的开路电压和填充因子两个关键参数，使其具有电阻特性，以提高电池片的转换效率。

2. 太阳能组件工艺流程

太阳能组件分为单晶和多晶两大类。单晶电池组件为黑色，多晶为蓝色。单晶电池组件比多晶电池组件转换效率略高，但具体还要看组件制造工艺。电池组件一般功率从0.6W到290W，电压可通过电池片数量×0.5V得到，输出功率为电池片数量×单片输出功率。

光伏组件的生产包括从划片到包装，共十道工序。其工序流程如图4-18所示。整个工序从划片开始，到包装结束。

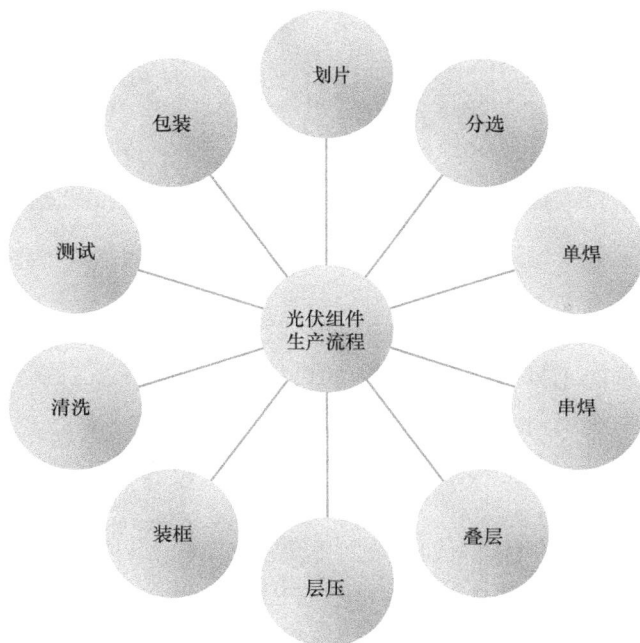

图4-18　组件生产流程

图4-19　划片操作

划片工艺是将太阳能电池片根据设计需要，划成面积一定的小电池片，也可以将一些较大的碎片，根据其形状，划成矩形备用。无论划片后电池大小，其输出电压均为0.5V左右。图4-19为员工进行划片操作。

分选工艺是将划片后的电池片根据所测最大输出功率，按电性能基本一致原则进行电性能分选，以免影响整体输出功率，并且按照色泽一致原则，进行外观分选，以保证产品外观的美观。图4-20为员工进行分选操作。

单焊是将互连条焊接在电池片的正面，使其将电池片的栅线连接起来。焊接时将互连条与电池片主栅线对齐，轻压住互连条和电池片，以每条栅线2~5秒的速度平稳焊接。图4-21为一员工正在进行单焊操作。

图4-20 分选操作   图4-21 单焊操作

串焊是在串焊模板上，控制以2mm或3mm的间距，将单焊后的电池片的正极与另一电池片的负极串接起来。每串数量根据用户需求的功率、电压和要求的面积大小来决定。图4-22为一员工正在进行串焊操作。

叠层工艺是在钢化玻璃的毛面上铺上一层乙烯-乙酸乙烯酯共聚物（EVA），将串接的电池片放在EVA上，并调整位置、固定，再铺上一层EVA，再铺上一层聚氟乙烯复合膜（TPT），然后用汇流条将几组串焊后的电池片串接起来，再用3M胶带固定。如图4-23所示：（a）为铺EVA，（b）为焊汇流条，（c）为铺隔离EVA。

图4-22 串焊

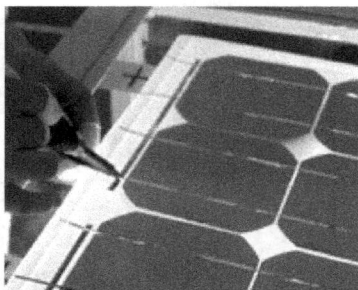

(a)   (b)   (c)

图4-23 叠层工艺

层压是经过高温和吸真空方式，将EVA融化，并吸出玻璃、EVA、电池片和TPT之间的空气，使其成真空状态，将电池片和钢化玻璃及TPT融合在一起的一道工序。层压后需将多余的TPT和层压出来的EVA胶沿玻璃削掉。如图4-24所示：（a）为层压操作，（b）为层压后的削边。

(a)

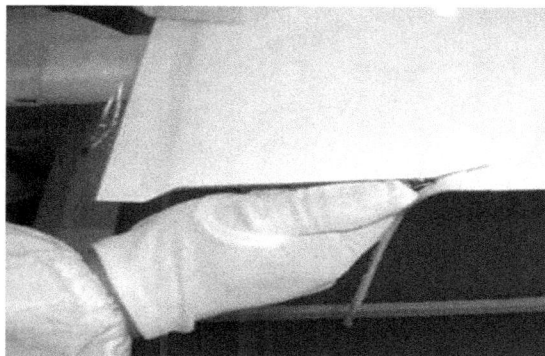
(b)

图4-24　层压操作

装框工艺较为简单，在铝合金外框边沿涂上硅胶，将层压后的电池片放入框内，将多余的硅胶抹除，用螺钉将铝边框固定，并调整玻璃与边框之间的距离，用补胶枪对正面缝隙处均匀地补胶，用装框机固定，再连接后接线盒即可。如图4-25所示：（a）为装框，（b）为装接线盒。

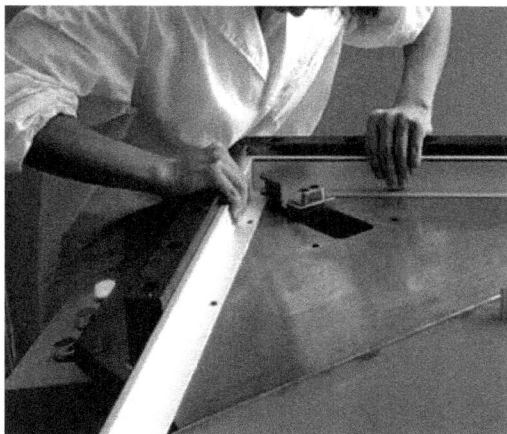
（a）

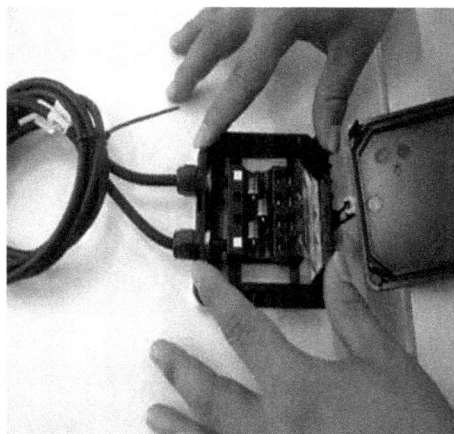
（b）

图4-25　装框操作

装框完成后用工业酒精清洗光伏组件表面。对清洗完的光伏组件用测试仪测试光伏组件的输出性能是否满足要求。最后，将合格的组件放入包装盒内，一般两块组件放入一个盒内，组件之间用瓦楞纸板隔开，组件四个角用护角包住装入包装箱。包装完成后入库。清洗如图4-26所示，检测如图4-27所示，包装如图4-28所示。

图4-26 清洗

图4-27 检测

图4-28 包装

👉 **思考题**

1. 简述太阳能光热实训室开展哪些实验项目？

2. 简述太阳能光伏发电实训室培养哪些能力？

3. 一般风力发电实训室具有哪些实验设备？

4. 简述风光互补实训室培训哪些应用能力？

5. KNT-WP01型风光互补发电实训系统由哪几部分组成？

6. 简述风光互补发电远程监控实训室设备一般具有哪些监测模块？

7. 简述太阳能电池生产流程。

8. 查阅相关资料，简述改良西门子法硅提纯工艺有何优点。

9. 简述光伏组件生产流程。

10. 分析太阳能电池生产与太阳能组件生产有何联系？

学习目标

1. 科学规划三年大学时间，制订出适合自己的学业生涯规划。
2. 尽快完成就业准备，寻找最适合自己的职业选择。
3. 实现创业之初的策略规划。
4. 量身定做自身的职业规划设计。

一、学业生涯规划

1. 学业生涯划分

（1）知识获取的阶段性。获取知识的过程分为选择、领会、强化和应用四个阶段。

①选择阶段：是知觉选择的过程，不同的对象对老师讲授的内容，会产生不同的注意点，因而会有选择地运用视听触嗅等知觉进行感知。这个阶段是知识学习的初始阶段，关键在于引起听者的注意并激发学生的响应，这时获得的知识属于感性认识，对讲授的内容并未透彻理解。

②领会阶段：是进行理解的过程。领会需要悟性，是指理解知识的意义及结构关系。在此过程中，学生根据已有的知识经验去领悟新的知识，并且将新知识融入旧的知识结构中，从而理解事物的本质，并期望提炼出其中的规律，在此过程中，将个别事物和现象进行聚类，概括为普遍的原理；或将普适的原理具体化，赋予特殊的外延来解释个别事物和现象。

③强化阶段：是进行记忆储存的过程。所学知识须通过记忆才能在头脑中不断强化，从而形成长期记忆。强化和遗忘总是此消彼长，为了保持知识，就要科学地不断强化，并将所学知识时常应用于现实，只有不断地去用知识，才能做到不为记知识而记知识，让知识活在记忆中。

④应用阶段：是知识用于实际的过程。所有的知识都具有实际的应用意义，不管是当下赋予其应用，还是将来赋予其应用。知识的应用是前三个阶段的集成与检验，同时还是促进新旧知识和不同领域知识发生相互融合、相互启发的主要途径。应用知识的形式丰富多彩，可以在脑袋里揣摩设想、可以在课堂里实验操作、也可以在生活中实践检验等。

（2）学业生涯的阶段性。生涯（career）的英文原意是指两轮马车，引申为道路，即人生的发展道路。生涯发展大师苏博（Super）认为：所谓生涯是指一个人在一生中所扮演的综合角色及对应角色所产生的结果，这些角色包括公民、学生、家管人员、配偶、父母、儿女、无业者、工作者及退休者九种，而九种角色主要在四个场所（家庭、社区、学校及工作场所）中出现。而学业生涯即特指在学校这样的特定场所，学生学习专业知识，适合专业需求的自我发展之路以及对应的结果。

三年的专业学习生活如图5-1所示，可以粗略地分为两个阶段。

图5-1　专业学习生活阶段图

第一阶段：由入学开始，到完成基础课程结束。时间上一般从入学到大一末。

第二阶段：由专业课程开始，到完成毕业设计结束。时间上一般从大二到大三预就业签约。

在第一阶段中，应努力体会高等数学的基本思想内涵，数学是所有科学的基础，科学需要精确，而精确离不开定量的表述，数学正是实现这一目标不可或缺的强有力的工具。高职的数学教育可以不要求很深，但应该架起抽象知识与实际世界的桥梁，掌握现代数学的基本构架及其用武之地是非常必要的，可以让学生在将来工作需要的时候清楚选取何种数学工具以解决实际问题。熟练掌握计算机的基本操作，计算机作为人类大脑智力的延伸，可以弥补人类脑力活动的不足，并且可以快速地进行基于大量数据的模拟实验，为科学研究提供强有力的支持。所以在大学期间学好一门计算机语言是非常必要的。同时还应该提升英语阅读能力，英语作为通行世界的语言桥梁，可以为今后阅读外文文献打下坚实基础。

在第二阶段中，即在第一阶段的基础上，专业课是在基础课知识上的一个提升，将引导大家进入专业知识的领域，而专业知识正是进入职场的最可靠砝码，应该成为每个人最擅长的能力。当然，也应加强培养对所学专业的兴趣。充分认识到新能源作为新兴产业的地位，作为新兴产业，挑战与机遇是并存的。行业发展空间大，市场可拓展性广；但是行业还不是很规范、技术不是很成熟、企业经营波动大，这些既是挑战也是发展的动力，沉下心投身进去，必定会有较好的发展。同时，新能源涉及多门学科的交叉，较之其他专业需要付出更多的努力。

在各个学习阶段，应注重总结改进自己的学习经验，从而形成适合自己的高效学习方法。一般而言，学习方法因人而异，现罗列一些较好的方法供同学们参考：目标学习法、问题学习法、矛盾学习法、联系学习法、归纳学习法、缩记学习法、思考学习法、合作学习法、循序渐进法、持续发展法。同时在学习的过程中也要注重提高单位时间内的学习效率，可通过实例辅助理解、比对重点学习、问答式讨论总结等方法加强对知识的理解，在群体学习环境中长短互补。

2.如何规划学业生涯

本专业学业生涯规划包括自我认识定位、学业目标定位、学业执行计划。

（1）自我认识定位。对自我有一个全面的认识，才能找到正确的发展方向。自我认识定位包括认知自身的专业优势、自身的客观条件和自身的兴趣抱负。客观上而言，国家为促进可再生能源的发展，已经颁布了《可再生能源法》，制定了可再生能源发电优先上网、全额收购、价格优惠及社会公摊的政策，并建立了可再生能源发展专项资金，以支持资源调查、技术研发、试点示范工程建设和农村可再生能源开发利用。作为新能源较早快速发展的江苏省，由于临江靠海，在风能资源上位列全国前列，主要分布在南通地区的启东、如东、东台等东部沿海，陆地风能资源可开发量达到三百万千瓦左右，并且江苏省有着大面积的沿海滩涂，海上风能资源潜力比陆地更大；太阳能上，也有良好的条件：江苏省年均太阳日照数为1800～2600小时，年均辐射总量平均为3300MJ/m^2。据有关部门不完全统计，江苏省内新能源企业至少有500家，这方面投入的资金已超过400亿元。而在主观上，高职学生同时应认识到在自身条件方面具有以下优势。

①与普通高校本科毕业生比较：具有明确的市场定向，高职类专业的设置是以当前主要社会需求和主流技术领域需要为导向，到达用人单位后可以很快适应新岗位，跟上技术的新发展，为学生在激烈的就业竞争中选择一个生存空间。

具有明显的职业岗位针对性，注重实践教学，配备专业的实训室和实训设备，模拟生产现场实况，同时以掌握职业岗位能力为中心组织教学，实施产学结合，即通过一定的在校实训与生产性下厂实践相结合，更快地掌握各种技能。从而使得高职毕业生受过良好的专业技术教育，有职业或行业岗位必需的专业理论，同时又有较强的实践能力和动手水平，是同时兼备专业知识与一技之长的技能型人才，在人才市场具备较强的竞争力。

我国大力推行的职业资格证书制度获得社会普遍认可，高职院校更注重这方面的投入。企业对人才需求的认识日趋成熟与理性，企业根据自身的需要，选择适合企业发展需求的专项人才，而不是唯学历主义。根据企业不同层岗位选择不同层次的人才，才能让人才有所用，在适合的岗位上发挥最好的作用。持学历证书和职业资格证书的高职毕业生是"双证人才"，获得人才市场与国家劳动部门的双重认可，必将走俏就业市场。

②与新增劳动力比较：由于我国人口基数庞大，每年新增劳动年龄人口在1000万～1200万人，而新增高校毕业生只是其中一小部分，并有逐年降低的趋势，约占新增劳动力的20%左右。由于我国东西部经济文化发展的不平衡，大部分从业人员素质不高，江苏处于全国经济发展的前列，对劳动力的培养投入更多，起步得更早。而高职毕业生承载着新兴劳动力的各种特质，承载着为地方发展提供技能型人才的动力输出，具备更高的素质。在知识经济迅速发展的今天，必将获得越来越大，越来越受青睐的就业机会与空间。

③与进城的农村富余劳动力比较：在实现城市化和工业化过程中，人们从土地上解放出来，信息与交通的便利使得数以亿计的农村富余劳动力向城镇转移。据估计今后20年我国农村约有2亿～3亿富余劳动力需要向城镇转移。转移到城镇的农村劳动力的文化水平和就业能力相对较低，受过正规职业培训的比例很低。据不完全统计表明，2011年大多数用人单位对

从业人员的素质有明确要求，99%以上的岗位要求具有初中以上文化程度，其中40%以上的岗位需要高中以上的文化程度，70%的岗位需要达到初级工以上的条件，其中20%的岗位需要具备中级工的职业资格。用人需求的技术等级要求主要集中在职业资格初级、职业资格中级和初级技术职务、中级技术职务上，其所占比重合计约为48%。高职毕业生则具有更强的竞争优势。

（2）学业目标定位。有目标才有前进的方向，在积小步为大步的努力过程中，既打下坚实的学业基础，又要注意时时关心新能源领域的发展趋势与技术革新，将自我小的发展与行业大的发展相融合，坚持不懈，行业低迷时候，不气馁，忙充电，加内涵；行业景气时候，抓机遇，展能力，一定可以在新能源领域干出一片天地。

具体而言，可以多多思索：自己想干什么，自己能干什么，社会需要什么等问题，也可以同家长、同学、老师探讨这方面的问题，多听多议，博采方方面面的意见，因为在正确的方向上走得再慢也是前进，而在错误的方向上走得再远也是白费。

最后还应认识到任何目标在实现的过程中，总是波浪式前进的，要做好吃苦的心理准备和不怕困难、努力坚持的信念，切不可三天打鱼两天晒网，随意改变学业目标，始终徘徊在起点不前。

（3）学业执行计划。凡事预则立不预则废，如何将自身的学业计划具体化，以便在不同的时间节点定下侧重各不相同的计划，使得学业可以有条不紊地进行。

大一年级为适应探索阶段：主要是迅速从高中生角色转换为大学生角色，尽快从方方面面适应大学生活，同时更为重要的是确定学习的目标，因为大学的最主要任务还是学习。通过老师的引导、自我的思考、自我评估，了解自己的兴趣、个性心理特征和与之相适应的职业范围，特别是自己未来所想从事的职业或与自己所学专业对口的职业。要清楚自己是谁，自己想要做什么，自己能做什么，加深对新能源专业培养目标和专业发展方向的认知。大学作为价值观和世界观的最后定型时期，作为步入社会的最后一块缓冲地带，作为体力与脑力最具活力的时期，要利用这宝贵的时间，努力使自己快速地成熟起来，对事物要善于总结，提高悟性，同时还要加强自我学习的能力，相应地调整自己，适应环境的需要，很好地完成高中到大学生活的过渡。要高质量地完成每学期的必修课，因为必修课是专业知识的基础和精华，同时必修课的设置具有前后的连贯性，在领会不同课程间的关联外，还应掌握好专业知识的每一环每一门课。还要有目的地选修与就业相关的或其他专业的课程充实自己，因为知识是相通的，他山之石可以攻玉，每一门知识都可能给我们以意想不到的启发，只要我们保持着思考并善于思考。最后非常重要的是，要争取尽早通过计算机和英语等级考试，这两门语言作为现代社会的语言桥梁与人脑智力的延伸，同时也是毕业所必需的合格证，越早通过将会给自己的学业计划提供更多的自由空间。

大二年级为提高拼搏阶段：大二作为三年学习的第二年，可以说是非常重要和承前启后的一年，此时已经较好地完成了身份转变，同时还没有迫在眉睫的就业压力，可以全身心地投入知识的汲取中，有目标有计划地学习专业知识，参加职业技能证书考试和相关教育培训，提高专业技能；除了学习，大学生活还有其他方方面面的精彩，如参加学生会或社团等组织，锻炼自己的社交能力和组织能力，还可以检验自己的知识和技能，为步入社会进行预演；参加和专业有关的兼职工作和假期社会实践，这些活动并不会分散学习的精力，反而有助于提高自己的责任感、主动性和承受挫折的能力，提高领悟力。学校同时还会提供参加各类就业专题讲座的机会，可以学习简历、求职信的制作等求职应聘的方法和技巧，了解搜集求职信息的渠道，加入校友网络，和已经毕业的校友谈话，借鉴他们的经验，了解往年的求职情况，为即将到来的就业做好准备。

大三年级为总结冲刺阶段：就业近在眼前，良好的初次就业是进入职场的坚实一步，绝大部分学生的目标应该锁定在工作申请及成功就业上。首先，不要有畏惧心理，也不要有不切实际的过高期望。静下心来对大学前两年进行评估总结，回顾过去是为了将来可以走得更好，检验自己的职业目标是否正确，行动方向是否有偏差。常见的错误观念是求安稳，求职一次到位的传统观念根深蒂固，只顾眼前利益，择业标准过于功利化等。应根据实际情况适时调整，并利用最后为数不多的在校时间，争取获得更高级别的英语与计算机等级证书，为良好的就业增加砝码；同时，每个毕业生都要尽可能地对自己的能力有个正确客观的认识，不贬低不拔高，既重视又不钻死胡同，应相信自己的能力。此外，在就业期间保持良好的心态也是必需的，就业的过程中肯定会有失望和失败，要秉持胜不骄败不馁的精神，理性地看待就业过程中的种种现象，不压抑自己情感的宣泄，面对挫折时候切忌钻牛角尖，要学会释放自己，继续面对新的挑战。还应重视培养良好的竞争意识，择业的过程要光明磊落，不要因为找工作过程中遇到的挫折，而埋怨，甚至打击报复，歪曲事实。之后重点开始求职准备工作，制作简历，参加招聘会和面试，与同学交流求职过程的心得体会。最后，积极利用就业实践的机会，充分检验自己所学的知识与技能，在实践中强化与修正，使得在学校的学业能与社会的需要更好地契合在一起。

二、　就业准备与职业选择

1. 就业准备

（1）职业概述。要了解产业、行业、职业的联系与区别。

产业概念：国民经济的各行各业。第一产业：产品直接取自自然界，如农业、林业、牧业和渔业。第二产业：对初级产品再加工，如采矿业、制造业、建筑业等。第三产业：为生产和消费提供服务，如交通运输仓储邮政业、信息传输计算机服务业、批发零售业、住宿餐饮业、金融业、房地产业、租赁和商务服务业、科学研究技术服务业、水利环境和公共设施管理业、教育、卫生社会保障和社会福利业、文化体育和娱乐业、公共管理和社会组织等。

行业概念：行业是按生产同类产品、具有相同生产工艺、提供同类劳动服务划分的经济活动类别。一个行业是从事相同性质经济活动的所有单位的集合。按经济活动的同质性原则划分行业。一个单位从事一种经济活动，即按该活动确定该单位的行业所属。一个单位从事两种以上的经济活动，按主要活动确定该单位的行业所属。可依据销售收入、营业收入或从业人员确定主要活动所属经济领域。

职业概念：是指从业人员为获取主要生活来源所从事的社会工作的类别。职业具备的特征是目的性、社会性、稳定性、规范性、群体性。职业不同于行业，所标示的是工作内容，而不是单位所涉及的经济活动领域。同一职业可以存在于不同行业。同一行业可以包含不同职业。

要确立科学的就业观念，就必须去除当代高职生就业观念中存在的下述某些问题。

①托关系走门路：找关系走捷径成为当下不少毕业生向往的速成择业之路，认为关系第一，能力第二，这样的思想不仅会使自己失去了正确的择业观与自力更生踏踏实实步入社会的锻炼机会，更有甚者稍不留心还会走上违纪违法的道路，败坏社会风气的同时，也毁掉了自己的前途。

②看天吃饭靠运气：不努力不作为，认为只要凭着好运气，在竞争激烈的就业市场上就可以获得一席之地。殊不知运气来临时要转变成机会，必须有扎实的能力和毅力作为支撑，只有这样才能找到属于自己的一片天地。

③唯证书主义：获得尽量多的证书，是值得肯定的，它们代表了拥有者的能力。但是，过犹不及，如果为了考证书而去考证书，就失去了考证书这个过程所具有的意义，有时候过程往往和结果一样重要，通过考证书的过程，不仅可以得到知识的积累，能力的提高，也会得到人生经验的丰富，会使得自身尽快地成熟起来。

（2）职业自我认知。哈佛大学创始人曾说过：一个人没有明确的目标，就像船没有罗盘。就业前的自我认识，是步入职场前的必要心理准备。特别需要关注自身与就业活动有关的个人心理特质，注意到"适合干的不一定是喜欢干的""喜欢干的不一定是能干的""能干的不一定是适合干的""想干的不一定是感兴趣的"等想法的存在。应该要意识到的是职业和工作是进入社会的第一块基石，让我们可以在社会中生存下去。其实认知的目的就是了解职业心理的动力来源，你想干什么（由气质、性格支撑），你能干什么（由智力、情绪、职业能力支撑），你适合干什么（由需要、兴趣、价值观支撑）。这样才能做到知己知彼、百战不殆，做好顺利就业的心理准备，发挥好在职业准备与规划中承上启下的核心作用。

为了对自身有个清晰的认识，需要进行自我分析，分析可以从内外两个方面来进行，从内部的心理测量，如个人的个性、思维的特点等，以及自我省视，不仅仅要看到自己的长处和优点，还应该看清自己的缺点和有待改进的地方，既不盲目拔高自己，也不妄自菲薄。从外部则需多多参加社会实践和职业实践，职业的社会性使得每一个投身其中的人，都受到方方面面的因素影响，其间有许多课本里学不到的知识和经验，这些都需要从实践的大课堂里去汲取。此外，兼听则明，偏信则暗，不识庐山真面目，只缘身在此山中，有时候由于视角的问题，自己可能看不清自身某些状况，需要多多听取他人的意见和建议，以帮助自己更全面的发展进步。

美国著名职业指导专家霍兰德（John Holland）认为不同的职业性向适宜不同的职业选择，简而言之，即兴趣与职业密切相关：趣业相投，两者相互促进；趣业相悖，两者互相阻碍。同时，霍兰德提出可将现实中的人分为六种类型：现实型（Realistic）、研究型（Investigative）、艺术型（Artistic）、社会型（Social）、企业型（Enterprise）、传统型

（Conventional）。利用一个正六边形，如图5-2所示，可以简单表述这六种类型之间的关系，正六边形的六个顶点代表六种类型，顶点间的连线距离越短，表明不同类型之间的相关性越大；顶点间的连线距离越长，表明不同类型之间的相关性越小。霍兰德据此编制出的职业性向测试题在全球各大企业人事录用和选拔人才的过程中发挥了重要作用，同样对于在校大学生开展自我评估与职业认知具有不可忽视的效用。

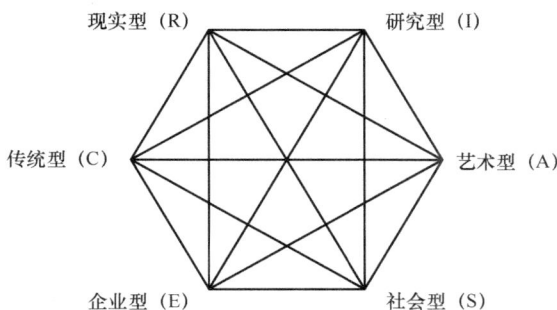

图5-2　六种类型间的关系图

霍兰德职业性向测评问卷分为主观和客观两个部分。客观部分包含被测试者所感兴趣的活动、所擅长的活动和所喜欢的职业三个方面，每个方面都对应霍兰德职业性向的6种不同类型的测评题各10题，共计60题，被测试者根据测评题中的陈述，将与自身情形相符的测评题勾选中，选中1题计1分，从而得到对应6种不同类型测评题的6个客观性得分。主观部分针对霍兰德职业性向的6种不同类型，被测试者进行自我评价，7分为最高分，0分为最低分，自我评价的得分高低，表明被测试者对于自身属于此种类型的主观认可度的强弱，从而得到对应6种不同类型自我评价的6个主观性得分。最后记录下主客观两部分的各自分值。表5-1为客观性问卷示意，表5-2为主观性问卷示意。

表5-1　客观性问卷

第一部分 你所感兴趣的活动		第二部分 你所擅长的活动		第三部分 你所喜欢的职业	
R：现实型活动	勾选	R：现实型活动	勾选	R：现实型活动	勾选
1. 装配修理电器或玩具		1. 能使用电锯等木工工具		1. 飞机机械师	
2. 修理自行车		2. 知道万用表的使用方法		2. 野生动物专家	
3. 参加制图描图学习班		3. 能看建筑设计图		3. 汽车维修工	
……		……		……	
A：艺术型活动	勾选	A：艺术型能力	勾选	A：艺术型职业	勾选
1. 素描／制图或绘画		1. 能演奏乐器		1. 摄影家	
2. 参加话剧／戏剧		2. 能参加二部或四部合唱		2. 节目主持人	

第一部分 你所感兴趣的活动		第二部分 你所擅长的活动		第三部分 你所喜欢的职业	
3. 设计家具／布置室内		3. 能雕刻、剪纸或泥塑		3. 作家	
……		……		……	
I：研究型活动	勾选	I：研究型能力	勾选	I：研究型职业	勾选
1. 读科技图书和杂志		1. 懂得晶体管的作用		1. 气象学或天文学者	
2. 研究自己选择的特殊问题		2. 能用计算器、对数表		2. 科学杂志的编辑	
3. 解算术或玩数学游戏		3. 会使用显微镜		3. 医学实验室人员	
……		……		……	
S：社会型活动	勾选	S：社会型能力	勾选	S：社会型职业	勾选
1. 学校组织的正式活动		1. 安排社团组织的事务		1. 国家机关工作人员	
2. 和大家一起出去郊游		2. 常参加社会福利活动		2. 小学、中学教师	
3. 参加讲座或辩论会		3. 能简单易懂地教育儿童		3. 导游	
……		……		……	
E：企业型活动	勾选	E：企业型能力	勾选	E：企业型职业	勾选
1. 谈论政治		1. 担任过学生干部		1. 销售部长	
2. 卖东西		2. 健谈善辩		2. 电视片编制人	
3. 指导有某种目标的团体		3. 做事充满活力和热情		3. 个体工商业者	
……		……		……	
C：传统型活动	勾选	C：传统型能力	勾选	C：传统型职业	勾选
1. 整理好桌面和房间		1. 会熟练地打印中文		1. 计算机操作员	
2. 检查个人收支情况		2. 能搜集数据		2. 银行出纳员	
3. 参加商业会计培训班		3. 善于整理保管资料		3. 文书档案管理员	
……		……		……	

表5-2　主观性问卷

R型	A型	I型	S型	E型	C型
机械操作能力	艺术创作能力	科学研究能力	解释表达能力	商业洽谈能力	事务执行能力
7	7	7	7	7	7
6	6	6	6	6	6
5	5	5	5	5	5
4	4	4	4	4	4
3	3	3	3	3	3
2	2	2	2	2	2
1	1	1	1	1	1

R型	A型	I型	S型	E型	C型
自评	自评	自评	自评	自评	自评
体育技能	音乐技能	数学技能	交际技能	领导技能	办公技能
7	7	7	7	7	7
6	6	6	6	6	6
5	5	5	5	5	5
4	4	4	4	4	4
3	3	3	3	3	3
2	2	2	2	2	2
1	1	1	1	1	1
自评	自评	自评	自评	自评	自评

依据主客观两部分的分值情况进行比对，若主客观得分差距较大，则说明被测试者主观的职业倾向与客观的能力方向较不吻合，需要进行专业自我认知的重新整合；反之则说明被测试者主观的职业倾向与客观的能力方向较为吻合。

（3）简历及面试准备。简历与面试可以说是毕业生与用人单位的最初次接触，首先要弄清楚简历与面试的作用。当你踏上求职道路的时候，就意味着同别的求职者的竞争也同时开始了，而简历是用人单位了解你的第一扇窗户，只有通过简历引起用人单位的适当注意，才会在求职的道路上产生后续的可能，在撰写简历的时候，应该在实事求是的基础上，尽量摆出自己的亮点和优势，尽量多的包含更多的信息，使自己的简历真正变成一块好的敲门砖。面试的作用简而言之就是一句话"百闻不如一见"，判断求职者是否适合对应岗位时，用人单位通过面试时的亲身接触和感受可以做出最直观的判断，从而决定求职者是否是所需要的对象。

一般而言，有如下情形的应聘者求职成功的几率会大大下降，应予以避免：开口谈钱的、纠缠不休的、沟通不畅的、面试迟到的、穿着邋遢的、自吹自擂的、没有诚意的和弄虚作假的。

2.职业选择

对于大学生职业选择，如何选好职业是需要思考的。任何事物都具有两面性，在选择职业的同时，身为职场新鲜人，也面临着被人才市场挑选的境地，所以评估应该兼顾多方，找到自身与职场需求的交集，从而既能发挥自己的创造力，又能为社会进步带来贡献，从而争取将来获得最大的职业成就。那么，如何选择适合自己的职业呢？可以从能力、性格、气质、兴趣等方面着手进行选择，见表5-3和表5-4。

表5-3　不同能力类型对应的职业选择

能力类型	相应职业
语言表达能力	教师、服务员等
算术能力	会计、统计、建筑师等
空间判断能力	建筑师、裁缝、电工、木工、机床工等
形态知觉能力	生物学家、测量员、制图员、农业技术员等
事务能力	记账、出纳、文员等
动作协调能力	驾驶员、雕刻家、运动员、舞蹈家等
手指灵巧度	纺织工、医生、护士、雕刻家、画家等

表5-4　不同性格类型对应的职业选择

性格类型	典型职业
变化型	记者、推销员、演员等
重复型	纺织工、机床工、印刷工等
服从型	办公室职员、翻译等
独立型	律师、警察等
协作型	社会工作者、咨询人员等
劝服型	辅导员、行政人员、宣传工作者等
机智型	公安人员、消防员、救生员等
自我表现型	演员、诗人、音乐家、画家等
严谨型	出纳员、统计员、图书档案管理员等

综合上面的表格可以看出，技术型从业者强调实际技术等业务工作（如从事工程技术、营销售卖、财务分析、企业计划等工作），拒绝一般事务性的管理工作，但主观上愿意在其技术领域管理他人并追求在技术能力方面的成长和自身技能的不断提高，其成长和获得成功看重的不是等级地位的大幅度提升，而是其专业地位的提升和技术领域的增大。

管理型从业者追求承担一般事务性的管理性工作，且勇于担责，具有很强的升迁动机和价值观，以提升职位和报酬作为衡量成功的重要标准，此类从业者具有较强的分析能力和人际沟通能力，对就业组织有较强的依赖性。

创造型从业者具有较强的创造需求，意志坚定并勇于冒险，同其他类型的从业者在特点上存在着一定程度的重叠。

稳定型从业者追求安全稳妥的职业前途，并以此为驱动力和价值观，对就业组织具有较强的依赖性，过于追求稳定意味着牺牲了更多的"冒险"尝试，个人职业生涯的发展往往会受到限制。

独立型从业者希望随心所欲安排自己的工作任务、时间进度和生活方式，追求能够施展个人职业能力的工作环境，最大限度地摆脱就业组织的限制和约束，在工作中享受自由，有较强的职业认同感，认为工作成果与自己的努力相符，独立型从业者与其他类型的从业者有明显的交叉。

职业选择评估前需要做三方面的工作，这就好比为自己步入职场搜集信息，以便分析归纳：要获得尽量多的职业情报，就好似函数的定义域越广，其值域就越丰富，而且职业情报本身就具有一些非常有意义的信息，如岗位设置的规律、岗位人员配比、不同领域岗位设置的异同等，只要有心思考，仅仅看招聘广告也会得到有用的信息。同时要根据自身特点进行职业定向，鞋子好不好，要看跟脚合不合，合理的职业定向，就好像一双好鞋，会让职业道路越走越远，越走越顺。还应注意要形成良好的职业意识，意识看不见也摸不着，但就好像好的习惯一样，良好的职业意识会让从业者从思想的高度重视某些职业素养和职业反应，职业意识从某种角度上说就是对从业者思维的训练，而思维是一切行动的指引，快速而准确的职业意识就像雷达一样，会引导从业者体现出与所从事职业契合相融的表现，从而受到用人单位的青睐。

而在择业的过程中，如何选择第一份工作至关重要，因为它在很多方面会塑造一个人的人生模式。只有自己通过思考，抉择自己步入社会的第一步，才能实实在在体会到完整的属于自己的个性。只要方向对了，起点的高低，在很大程度上并不是非常重要，这是第一份工作所应轻视的那一面。要对一个行业有基本的了解和调查，才能探索可行性，只有真正投身进入职场，自主进行选择，才能在实践的积累中认知什么样的职业才是最适合自己的。而当我们认定职场方向之后，就应尽快确定职业目标，并坚持不懈地努力下去，世上没有不劳而获的事情，任何人的成功都不是偶然的，只有在挫折中前行才能获得持久的成功。

而身处校园中的同学们最容易接触到的择业资源就是校园招聘会，来到校园招聘的企业一方面受到学校对其资质的认定，另一方面主动来学校招聘的企业在主观意愿上也是对本学校的学生质量持有肯定态度，所以如果能利用好校园招聘会，也能在初次择业上起到事半功倍的效果。

三、创业策略

1. 创业的内涵

（1）创业概念。狭义而言指个人为了某种目的而承担风险，去创始、组织和管理一个企业。广义而言指开创事业，任何有意义的事物，均可以作为事业的对象。

（2）理解创业。创业，就现今的眼光来看正越来越普遍，随着互联网的发展，信息的流动越来越快捷，也创造出越来越多的机会，因此，创业的自由性也大大提高了，所有你认为可以获得收益的领域都可以进行创业，但是，对于初涉社会的毕业生而言，经验、人脉、对市场的判断力等都有待于提高，仍处于刚刚起步的阶段，可能要先经历失去，创业初期的失败和挫折并不可怕，相反这是我们积累的第一笔财富，从中汲取有价值的东西，才能让自己迅速成熟起来。此外，创业的成功与否可能在某些方面是以财富来衡量，但是任何人任何事都应该有原则有底线，什么事可以做，什么样的创业是值得尊重的，是必须在创业过程中始终坚持的。创业虽然会有种种艰辛，但是也会带来许多快乐的地方，年轻人的思维是最活跃最具有创意的，精力与活力都处在人生的巅峰，创业过程中会有许多意想不到的情况出现，当我们解决问题后所带来的成就感就是很大的快乐；创业的过程同时也是对人格塑造的过程，价值观、理想等信念也会经受考验，得到修正，因为我们所处的社会环境都离不开人的存在，而有人就会产生人与人之间的联系，其间还夹杂着个人的喜恶、趣味，社会的思潮等因素的影响，随着创业的深入，人与人之间的相互影响会将不适应市场人格的创业者淘汰下去。创业过程中还应该注意创新，人无我有，人有我精，才能获得巨大市场。而创新不是脑袋里的突发奇想，也不是忽然进出来的鬼点子，而是对市场需要、知识积累、对新鲜事物价值的敏锐感等多方面因素的综合。创业还是一门科学，在创业的过程中需要规划、需要管理，还需要审时度势，制订出合适的制度，这些都离不开科学，去寻找出其中特定的规律，抓住创业的精髓，才能获得成功。

（3）创业基本素质。创业能否成功，需要多方面的支撑因素，其中，创业者自身所具有的基本素质起到很重要的作用。创业者在经过自身成长、学校教育和社会接触后，具备了一定的心理素质和社会文化素质，能够长久稳固地内化在人格之中，并发挥出作用。创业基本素质涵盖多个方面，主要有以下几种。

①创业意识：创业意识是创业基本素质里的龙头，是创业者最根本的动力来源，是内在的推动力，在创业实践活动中会指导创业者向着意识里的目标前进，萌发创业意识的因素可能由兴趣、理想、信念和世界观等心理成分构成。

②创业心理品质：创业心理品质是创业基本素质里的重要组成，创业的过程必定是曲折和艰辛的，良好的心理品质是在遇到困难时候的内在心理保证，强大的心理素质就好像韧性十足的筋骨，在创业实践活动过程中对人的心理和行为起到调节和稳定的作用。心理品质的范围十分广泛，一般包含独立性、敢为性、克制性、合作性、缜密性、道德感、义务感等。具体一些而言，如对于自己既定的目标，不论在任何情况下，都需要有坚定的信心；经营企业要胆大心细，没有哪一件事情，哪一个决定是百分百稳妥的，所以遇到经过自己细致判断后做出的决定，要勇于去实践。最后一定要不伤和气，与人为善，力争合作共赢。

③创业能力。创业能力的高低直接影响创业实践活动效率，它是促使创业实践活动能否顺利进行的主要条件，预备工作做得再充分，没有到位的能力来实现，就无法把理想转变为现实。当然，每个人能力的高低，能力的特点都不一样，只有在认识清楚自己的基础上，扬长避短，才能将创业能力用对路，用到位。一般而言，创业能力主要包括所学专业知识、职业能力、经营管理能力和综合性能力。尽量利用各种各样的机会，去充实自己的专业知识，这样才能在创业过程中具备深厚的专业背景，才能更加正确地分析形势，更加精确地把握事物发展全局。同时不管创业初期企业规模有多小，企业管理都有一些必不可少的基本内容需要注意，首先是对人员的管理。只有通过管理企业内各种人员，实现有效配置分工，才能人尽其用。其次是对经营目标的管理，经营目标的内容包括经营规模、经营收入与利润、市场

占有率、资金回收周期等。再次是对经营过程的管理，目标再美好，也要通过良好的过程来一步步实现。此外所有经营企业的人员都需要具备必需的财务知识，做好各项财务收支的计划、组织、核算、分析等，组织筹集资金，提高资金的利用率，降低产品成本，增加企业利润，同时需要时刻牢记的是需要如实反映企业的财务情况，不应瞒报利润，并依法缴纳国家税收。最后还有一些创业手续的流程，如工商注册登记步骤、一些涉及经济类的法律法规以及一些金融类的知识，会使得在创业的时候，能将更多的时间放置在能产出最多利润的地方。

④创业社会知识：创业必定是在社会中进行的，不可能脱离社会，凭空创立，而人类社会是一个庞大而复杂的系统，数不清的因素在其中发挥作用，关系纵横交错，所以对创业环境，即所处社会的理解和学习也是一种很重要的能力。同时，还应该认识到大学毕业生自主创业不仅解决了自己的就业问题，而且还给别人提供就业机会和岗位，为社会的和谐发展贡献了力量，必定会是一条光明和希望之路。一般而言，创业社会知识主要包括专业、职业知识、经营管理知识和综合性知识。

2. 创业的常见策略与模式

对于刚刚毕业的大学生创业者来说，创业策略与模式选择是否得当，就像航行船只的方向，是顺水而行，还是逆风而上，效果不可同日而语。当然在创业初期，稳定的起步是比较好的选择，尽管风险越高可能意味着收益也越大。在创业过程中还应秉承不应以当前有限的资源为基础而应去努力追求商机的精神，没有资源创造资源，没有条件创造条件，用有限的资源去创造更大的财富。一般而言，起步阶段的低成本创业模式有兼职创业、加盟连锁、工作室；新型创业模式有网络创业、概念创业等；初期实务有开业登记、工商登记、税务登记等。

同时，在创业伊始，还有一些基本的原则需要重视。

①对所从事行业的选择：创业初期，俗话说万事开头难，一切都是从零开始的，这个时候的起步可以说是小心翼翼，所以要尽量从自己最拿手、最有信心的行业着手创业，而每个毕业生最擅长的，正是你学习了三年的专业知识，所以从事本专业或者与本专业相近的专业是比较合适的选择。此外，尽量不要在需要高成本、高科技或者高拓展的领域创业，因为这些领域往往需要强大的资金和技术做后盾支持，而且市场还不太成熟，这些因素对于创业初期的毕业生而言，都意味着较大的风险与不确定性，所以不宜进入。

②对所经营项目的选择：对于毕业生创业者而言，创业初期投入的资金会很有限，因此，很多经营项目是无法尝试的，而那些具有低投入、较高回报和低风险等特点的项目则可能更适合于尝试，需要强调的是，不论在创业的哪个阶段，创新都是创业成功的极大推动力，可以是营销手段的创新，也可以是技术服务的创新，总之，人无我有，人有我精，这就是创新的真谛。

③对所处创业环境的把控：创业初期大多为小本经营，最好不要合伙创业，因为本小、利薄，事情也不是很纷杂，所以无需合伙；如果合伙经营的话，可能会有很多精力都花在业务之外的地方，得不偿失。但是创业也不是一个人打拼的事情，当遇到困难挫折的时候，亲

人朋友的支持与帮助也是必不可少的，这也是创业的收获之一。

对于新能源专业的毕业生而言，可以从光伏和光热两个方面思考进行创业准备，当然，这两方面的衍生面也可以从事创业。如光伏方面，可以尝试开发小型的逆变器、控制器，在保证一定精度的情况下，优化设计，降低成本，开拓市场；光热方面，可以尝试为民用建筑进行全天候热水供应或者冬季采暖，进行这方面的初期设计和评估，深入进去之后，可以留心后续的施工和日常的保养，以及整个光热利用系统的控制、监控等，一步步将创业规模做大做精。

此外，在国家发展的宏观层面，国家发改委在2013年8月30日发布新闻《国家完善光伏发电价格政策》和《国家进一步完善可再生能源和环保电价政策》，对光伏电站实行分区域的标杆上网电价政策，根据各地太阳能资源条件和建设成本，将全国分为三类资源区，分别执行每千瓦时0.9元、0.95元、1元的电价标准。对分布式光伏发电项目，实行按照发电量进行电价补贴的政策，电价补贴标准为每千瓦时0.42元。分区标杆上网电价政策适用于2013年9月1日后备案（核准），以及9月1日前备案（核准）但于2014年1月1日及以后投运的光伏电站项目。电价补贴标准适用于除享受中央财政投资补贴之外的分布式光伏发电项目。标杆上网电价和电价补贴标准的执行期限原则上为20年。国家将根据光伏发电规模、成本等变化，逐步调减电价和补贴标准，以促进科技进步，提高光伏发电市场竞争力，同时进一步完善可再生能源和环保电价政策。

创业案例：张三的小生意

小张去批发市场购买了10个太阳能热水器，该商品的批发价是1500元，他零售的价格是2000元，最终他卖了8个。

计算：

①小张从销售8个太阳能热水器中获得了多少钱？

②他需要多少本钱买这8个太阳能热水器？

③小张的利润是多少？

④小张原来工作1天可赚100元的工资，需要工作多少天才能获得与他卖8个太阳能热水器所赚利润一样多的钱？

解答：①获得的钱数为： $2000 \times 8 = 16000$ 元

②本钱为： $1500 \times 8 = 12000$ 元

③利润为： $16000 - 12000 = 4000$ 元

④工作天数为： $4000 \div 100 = 40$ 天

从上例可以看出虽然小张可以通过40天的固定工作赚得4000元，但是在从事小生意的过程中，除去利润这样看得到的收获外，还有在这个过程中对市场中的主流热水器产品的性能特点、如何进货、出货的流程、如何推销商品、如何与顾客沟通、怎样做好售后服务等有了一个全面的了解认识，日积月累，这就是一笔看不见的财富，也是创业的魅力所在。

四、职业规划设计

1. 职业生涯划分

（1）职业生涯规划概念。职业生涯规划是一个人主动而有意识地计划自己未来的职业发展。通俗地说，职业生涯规划就是寻找适合自己的职业发展方向，方向正确，才能在发展的道路上越走越顺，越走越好。

（2）职业生涯规划内容。这里所讲的职业生涯规划，一般而言是针对个人的规划，即个人对自己在一段时间内的职业发展的设想，通常包括职业种类的选择、工作地区的选择、工作单位的选择、工作职务的选择和工作报酬的预期等内容。在获取这样预期的过程中，就业者可以充分发挥自己的潜能与创造力，围绕自己既定的目标坚定前行，迈向成功，从而可以获得社会与他人的尊重，和谐稳定的情感，物质上的拥有与富足以及个人兴趣爱好的满足。

（3）职业生涯规划分类。职业生涯规划的分类，一般而言是以时间来区分的，见表5-5。

表5-5 职业生涯规划时段表

类型	定义及任务
人生规划	整个职业生涯的规划，时间跨度在40年左右，设定整个职业生涯的发展目标，如规划成为一个成功的企业家
长期规划	一般为5~10年的规划，主要设定较长远的目标，如规划30岁时成为某企业的部门经理，规划40岁时成为某企业的副总经理等
中期规划	一般为2~5年内的目标与任务，如规划在某企业的不同部门充分熟悉各类业务，增强自身处理实际问题的能力
短期规划	一般为2年以内的规划，主要是确定近期目标与任务，如对自身的专业知识，可以进行怎样的拓展与提升

2. 大学生职业生涯规划要素与原则

大学生由于初次涉及社会，面临人生职业选择的第一步，因此在具体抉择时候需要遵循一些要素与原则，提高职业生涯规划的正确性与初次择业的成功率。

（1）职业生涯规划要素。

①Who：我想成为什么样的人？我想与什么样的职场人打交道？我为什么胜任自己所选择的职业？我自己以及我的父母亲对我有怎样的期望？

②What：我能在什么样的范围内做出选择？在可预见的未来，我将要面临什么样的问题？我所做出的选择将对我的职业生涯造成什么样的影响？

③When：我有多长的时间计划我的职业生涯？在真正进入职场之前，我还剩余多长时间可以进行准备？我预计在什么时候初次确定我的职业生涯规划？

④Where：我愿意在什么样的地方生活？我愿意在怎样的工作环境中工作？

⑤How：在职业生涯规划中，我该怎样取舍？我该怎样完成既定的职业生涯规划目标？我该在完成的过程中，怎样合理地分配时间？

（2）职业生涯规划原则。

①个体有益与群体无害原则。在职业生涯规划的过程中，应该在不损害社会利益，不损害他人利益的前提下，最大限度地实现自身的价值。只有这样的个人价值才是对社会对自身有意义的。

②统一与个性原则。统一即是将自身职业生涯规划中的核心价值与自身的人生观和价值观相统一，很难想象，如果在这样两种价值冲突的情况下，就业者还能够较好地实现自己的职业目标。个性即是说每一个就业者都有自身独有的特点，都有自己特殊之处，因此制订个性化的、适合自己的职业生涯规划显得尤为重要，切忌在职业生涯规划的制订中与他人攀比，制订不切实际、难以实现的目标，从而给自己的职业前景带来不必要的重压。

③可实现性原则。职业生涯目标应为具体目标，假大空的目标不仅不利于实行，对于就业者的信心树立也是无益的。同时，目标的实现应该有明确的实现期限和衡量标准，目标的实现可能有多个，则应该有主次先后的顺序，不可混淆。

职业生涯案例

小李是某职业技术学院机电专业二年级的学生，虽然由于父母的期望和一些客观的原因，他来到了现在的学校上学，但是他感觉自己对于机电专业知识不感兴趣，因此，自入大学以来，对机电专业的学习只是为了考试及格过关，自己也感觉很痛苦，想主动退学，遭到了家长、老师、朋友、同学们的一致反对。

同时小李经过一段时间的思索，他发现自己真正喜欢的专业是音响，自己的职业理想是将来做一名出色的音响师。在明确自己的职业方向后，小李对国内外大学进行了调研，发现国内高校中设置专门音响专业的学校几乎没有，而实际上由于音响效果的调制需要多方面多学科的专业知识进行混合，这让小李觉得很难处理。

小李为此曾经想通过更多的实践来增加自己的音响知识，为此需要付出更多的课余时间，以至于会影响了自身的日常学习。这时的小李陷入了痛苦的两难选择之中：坚持对音响师梦想的追求，就要放弃在大学接受教育的机会，那么，自己十几年学习的辛苦就会付诸东流，这也是很多人反对退学的原因。但是，如果选择继续在现在的学校学习机电专业，就要放弃自己所喜欢的音响师梦想，更重要的是由于自己不喜欢枯燥的机电专业知识，学习成了负担，自己每天都感觉是在浪费生命。如何能够做到两全其美，做出一个对小李损失最小的选择，成了小李最迫切的问题。在最难以抉择的时候，小李找到了学校的职业生涯规划老师。在耐心听取小李的思想现状之后，老师询问了小李相关的问题，最终引导小李制订了适合自己的职业生涯规划：首先打消退学的念头，找到学习机电知识的价值所在，从而培养对机电专业学习的兴趣。与此同时选修与音响专业相关、相近的课程，为以后能够从事音响师职业做准备。此外，在不耽误现有课程的前提下，利用一定的课余时间在学校所在城市的演播厅、影院、室内舞台等见习音响设置，并在这样的过程中向相关人员学习专业知识。

通过以上典型案例，我们可以看出，现有所学专业与自身的兴趣爱好存在着偏差，这是存在于现今大学生择业过程中的普遍现象。在遇到类似的情形时，我们应该不怨天尤人，不自暴自弃，应该认识到专业无贵贱，专业与兴趣统一的情形毕竟是少数，既然无法统一，不如两者兼顾，只要愿意努力付出，说不定会有意外的收获，况且，个人的兴趣也不会是一成不变的，投入其中，觉得枯燥的专业也有变成兴趣的可能。

思考题

1. 取得专业职业资格证书的意义及其重要性是什么？

2. 高职教育及人才培养的优势是什么？

3. 结合自身的具体情况，简要地撰写一篇关于自己的学业生涯设计蓝图。

4. 如何树立正确的职业观？

5. 良好的自我认知在职业选择评估上起到什么样的作用？

6. 简述不同性格能力对职业的影响，同时作为新能源专业的毕业生，结合本专业特点，尤其需要具备怎样的能力。

7. 创业的不同基本素质在创业过程中分别发挥什么作用？

8. 思考不同创业模式在新能源专业创业中的可行应用，说明你觉得什么样的模式最为适合当下新能源领域的创业。

9. 结合新能源专业特点与市场现况，模拟设计一个创业案例。

10. 职业生涯规划有什么样的意义？

11. 职业生涯规划的要素与原则有哪些？

12. 如何确定职业生涯目标？

13. 为什么大学时期必须进行职业生涯规划？

参考文献

［1］钱伯章.新能源——后石油时代的必然选择［M］.北京：化学工业出版社，2007.

［2］靳晓明.中国新能源发展报告［M］.武汉：华中科技大学出版社，2011.

［3］王北星.《美国的能源战略及其启示》［J］.《中外能源》，2010（6）：12–17.

［4］薛惠锋，王海宁.《〈中华人民共和国可再生能源法〉的实施回顾及展望》［J］.《中外能源》，2010（3），33–36.

［5］Daniel Yergin. Ensuring Energy Security［J］. Foreign Affairs，2006，2(85).

［6］曹莹.风力发电技术与应用［M］.北京：中国铁道出版社，2013.

［7］贾礼进.太阳能光伏发电技术与应用［M］.北京：中国铁道出版社，2013.

［8］贾礼进.风光互补发电技术［M］.北京：中国铁道出版社，2014.

［9］孙兵.太阳能风能电站远程监控技术［M］.北京：中国铁道出版社，2013.

［10］南京康尼科技实业有限公司，夏庆观.风光互补发电系统实训教程［M］.北京：化学工业出版社，2012.

［11］胡伟国.大学生职业生涯发展指导［M］.杭州：浙江大学出版社，2012.

［12］董文强.大学生职业生涯规划［M］.西安：西北工业大学出版社，2007.

［13］李法顺.大学生职业生涯规划［M］.南京：东南大学出版社，2006.

［14］王丽娟.大学生职业生涯规划与发展［M］.南京：南京大学出版社，2011.

［15］王培俊.职业规划与创业体验［M］.北京：高等教育出版社，2011.

［16］艾于兰.职业素养开发与就业指导［M］.北京：机械工业出版社，2010.

附　录

普通高等学校毕业生就业工作
暂行规定

（国家教育委员会1997年3月24日颁发）

第一章　总　则

第一条　为做好普通高等学校（含研究生培养单位）毕业生（含毕业研究）就业工作，更好地为经济建设和社会发展服务，维护毕业生和用人单位的合法权益，根据国家的有关法律和政策，制定本规定。

第二条　普通高等学校毕业生凡取得毕业资格的，在国家就业方针、政策指导下，按有关规定就业。

第三条　毕业生是国家按计划培养的专门人才，各级主管毕业生就业部门、高等学校和用人单位应共同做好毕业生就业工作。毕业生有执行国家就业方针、政策和根据需要为国家服务的义务。必要时，国家采取行政手段，安置毕业生就业。

第四条　毕业生就业工作要贯彻统筹安排、合理使用、加强重点、兼顾一般和面向基层，充实生产、科研、教学第一线的方针。在保证国家需要的前提下，贯彻学以致用、人尽其才的原则。国家采取措施，鼓励和引导毕业生到边远地区、艰苦行业和其他国家急需人才的地方去工作。

第五条　国家教委归口管理全国毕业生就业工作，国务院其他部委（以下简称部委）和各省市、自治区、直辖市（以下简称地方）负责本部门、本地方的毕业生就业工作。

第六条　国家教委的主要职责：

1. 制定全国毕业生就业工作的法规和政策，部署全国毕业生就业工作；

2. 组织研究并指导实施全国毕业生就业制度改革；

3. 收集和发布全国毕业生供需信息，组织指导和管理毕业生、就业供需见面、双向选择活动；

4. 编制全国普通高等学校毕业生就业计划，制定国家教委应届高校毕业生就业计划和部委、地方所属学校抽调计划；

5. 负责全国毕业生就业计划协调工作，管理全国毕业生调配工作；

6. 指导、检查毕业生就业工作，授权各省、自治区、直辖市调配部门派遣本地区高校毕业生；

7. 组织开展毕业教育、就业指导和人员培训工作；

8. 开展毕业生就业工作的科学研究和宣传工作；

9. 检查毕业生的使用情况。

第七条　国务院有关部委主管部门的主要职责

1. 根据国家的有关方针、政策和国家教委的统计本部门毕业生就业的具体工作意见；

2. 及时向国家教委报送所属院校毕业生就业计划和本部委需求信息；

3. 组织协调所属院校的毕业生供需信息交流活动；

4. 制定并组织实施所属院校的毕业生就业计划；

5. 组织开展所属院校毕业教育、就业指导工作；

6. 负责本部门毕业生的接收工作，了解和掌握毕业生的使用情况；

7. 开展有关毕业生就业工作改革的研究和宣传工作。

第八条　省、自治区、直辖市主管部门的主要职责：

1. 根据国家的有关方针、政策和国家教委的统一部署，提出本省、自治区、直辖市毕业生就业的具体工作意见；

2. 负责本地区毕业生的资源统计工作，并按时报送国家教委；

3. 收集本地区毕业生的需求信息并及时报送国家教委；

4. 制定本地区所属院校毕业生的就业计划并及时报送国家教委；

5. 组织管理本地区毕业生就业供需见面和双向选择活动；

6. 受国家教委委托组织实施本地区的高校毕业生的资格审查，并负责毕业生的调配派遣和接收工作；

7. 组织开展毕业教育、就业指导工作；

8. 检查、监督本地区用人单位和高等学校的毕业生就业工作；

9. 开展毕业生就业制度改革的研究和宣传工作；

10. 完成国家教委交办的其他工作。

第九条　高等学校的主要职责：

1. 根据国家的就业方针、政策和规定以及学校主管部门的工作意见，制定本学校的工作细则；

2. 负责本校毕业生的资格审查工作，及时向主管部门和地方调配部门报送毕业生资源情况；

3. 收集需求信息，开展毕业生就业供需见面和双向选择活动，负责毕业生的推荐工作；

4. 按照主管部门的要求提出毕业生就业建议计划；

5. 开展毕业生教育和就业指导工作；

6. 负责办理毕业生的离校手续；

7. 开展与毕业生就业有关的调查研究工作；

8. 完成本部门交办的其他工作。

第十条　用人单位的主要职责：

1. 及时向主管部门报送毕业生需求计划供需求信息；

2. 参加供需见面和双向选择活动，如实介绍本单位情况予招聘毕业生；

3. 按照国家下达的就业计划接收、安排毕业生；

4. 负责毕业生见习期间的管理工作；

5. 向有关部门和学校反馈毕业生的使用情况。

第二章　毕业生就业工作程序

第十一条　全国高等学校毕业生就业工作程序和时间安排由国家教委统一部署，各部委和地方应按照统一部署具体指导所属院校毕业生的就业工作。

第十二条　毕业生就业工作程序分为就业指导、收集发布信息、供需见面及双向选择、制定就业计划、进行毕业生资格审查、派遣、调整、接收等阶段。

第十三条　毕业生就业工作一般从毕业生在校的最后一学年开始。

第十四条　用人单位一般应在每年11~12月向主管部门及有关高校提出下一年度毕业生需求计划，1~5月与毕业生签订录用协议。

第十五条　毕业生的就业活动不得影响学校正常的教学秩序和学生的学习。毕业生联系工作时间应安排在1~5月，春季毕业研究生可适当提前。

第三章　毕业生就业指导与毕业生鉴定

第十六条　毕业生就业指导是高校教学工作的一个重要组成部分，是帮助毕业生了解国家的就业方针政策，树立正确的择业观念，保障毕业生顺利就业的有效手段。

第十七条　毕业生就业指导重点进行人生观、价值观、择业观和职业道德教育，突出毕业生就业政策的宣传。

第十八条　毕业生就业指导要理论联系实际、注重实效，可采用授课、报告、讲座、咨询等多种形式。

第十九条　毕业生就业指导与毕业教育相结合，教育毕业生以国家利益为重，正确处理国家利益与个人发展的关系，自觉服从国家需要，到基层去，到艰苦的地方去，走与实践相结合的成才之路。

第二十条　高等学校要按照国家教委《普通高等学校学生管理规定》《高等学校学生行为准则（试行）》和《研究生学籍管理制度》的要求，实事求是地对毕业生作出组织鉴定。

第二十一条　毕业鉴定主要包括毕业生在校期间德、智、体等各方面的基本情况，这些基本情况要按照档案管理的有关规定，认真核对无误后归档。档案材料应在毕业生派遣两周内寄送毕业生报到单位。

第四章　供需见面和双向选择活动

第二十二条　供需见面和双向选择活动是落实毕业生就业计划的重要方式。各部委、各地方主管毕业生就业工作部门负责管理和举办本部门、本地区的毕业生就业供需见面和双向选择活动，其他部门不得举办以毕业生就业为主的洽谈会或招聘会。举办省级上述活动要报国家教委备案，跨省区、跨部门的有关活动须报国家教委审批。

第二十三条　有条件的高等学校要举办或校际联办毕业生供需见面和双向选择活动。高等学校在毕业生供需见面和双向选择活动中起主导作用。

第二十四条　经供需见面和双向选择后，毕业生、用人单位和高等学校应当签订毕业生就业协议书，作为制定就业计划和派遣的依据。未经学校同意，毕业生擅自签订的协议无效；

第二十五条　供需见面和双向选择活动要在国家就业方针、政策指导下，有组织、有计划、有步骤地进行，时间应安排在节假日。

第二十六条　供需见面和双向选择活动，不得以盈利为目的向学生收费，不得影响学校正常的教学秩序和学生的学习。

第五章　就业计划的制订

第二十七条　国家教委直属学校毕业生面向全国就业，其他部委所属学校毕业生主要面向本系统、本行业就业，地方所属学校主要面向本地区就业。根据招生"并轨"改革的进程，有关部委和各省、自治区、直辖市可根据本部门、本地区的实际情况确定所属高校毕业生的就业范围。

第二十八条　制定就业计划的原则：

1.遵循国家有关毕业生就业的方针、政策和规定；

2.依据国家经济和社会发展的需要；

3.优先保证国防、军工、国有大中型企业、重点科研和教学单位的需要；

4.来源于边远省区的本、专科毕业生，只要是边远省区急需的，原则上回来源省区就业；

5.师范类毕业生原则上在教育系统内就业；

6.定向生、委培生按合同就业；

7.实行招生"并轨"改革学校的毕业生在国家就业政策指导下，在一定范围内自主择业；

8.毕业研究生在国家规定的服务范围内就业；

9.其他类型毕业生按国家有关规定就业。

第二十九条　本、专科毕业生就业计划每年编制一次，毕业研究生就业计划分为春季和暑假两次编制。就业计划按部委、地方和高校各自的职责分工，经上下结合、充分协商形成；有关部委和地方负责审核、汇总所属学校毕业生就业建议计划，并按时报送国家教委；国家教委审核、编制全国普通高等学校毕业生就业计划。

第三十条　毕业生就业计划经国家教委审核下发后，各部高等学校和用人单位必须严格执行。

第六章　调配、派遣工作

第三十一条　地方主管毕业生调配部门和高等学校按照国家下达的就业计划派遣毕业生。派遣毕业生统一使用《全国普通高等学校毕业生就业派遣报到证》和《全国毕业研究生派遣报到证》（以下简称《报到证》），《报到证》由国家教委授权地方主管毕业生就业调配部门审核签发，特殊情况可由国家教委直接签发。

第三十二条　国家招生计划内招收的自费生（含电大、函授等普通专科班）毕业后自主择业，在规定时间内找到单位的地方主管调配部门开具《报到证》；

第三十三条　对于华侨和来自港澳台地区的毕业生愿意留在大陆工作的，学校可根据国家有关规定提供必要的帮助。

第三十四条　免试推荐和考取硕士、博士研究生的毕业生，在学校就业计划上报后提出不再攻读的，应回家庭所在地就业。

第三十五条　符合国家规定申请自费留学的毕业生，要在学校规定的期限内提出申请并按规定偿还教育培养费，经批准后，学校不再负责其就业。派遣时未获准出境的，学校可将其档案、户粮关系转至家庭所在地自谋职业。

第三十六条　对残疾毕业生学校应帮助其就业，确有困难的，按有关规定由生源所在地民政部门安置。

第三十七条　学校应在派遣前认真负责地对毕业生进行健康检查，不能坚持正常工作的，让其回家休养。一年内治愈的（须经学校指定县级以上医院证明能坚持正常工作的）可以随下一届毕业生就业；一年后仍未治愈或无用人单位接收的，户粮关系和档案材料转至家庭所在地，按社会待业人员办理。

第三十八条　结业生由学校向用人单位推荐或自荐，找到工作单位的，可以派遣，但必须在《报到证》上注明"结业生"字样；在规定时间内无接收单位的，由学校将其档案、户粮关系转至家庭所在地（家居农村的保留非农业户口），自谋职业。

第三十九条　全国普通高等学校要在七月一日后派遣毕业生（春季毕业研究生例外）。

第四十条　在派遣过程中出现特殊情况需要调整改派的，按下列原则办理：

1. 在本省、自治区、直辖市辖区内用人单位之间调整的，由地方主管部门毕业生调配部门审批并办理改派手续；

2. 跨部委、跨省（自治区、直辖市）调整的，由学校主管部门审核同意后，统一报国家教委审批并下达调整计划，学校所在地方主管毕业生调配部门按照调整计划办理改派手续。

第七章　接收工作及毕业生待遇

第四十一条　毕业生持《报到证》到工作单位报到，用人单位凭《报到证》予以办理接收手续和户粮关系。凡纳入国家就业计划的毕业生，地方政府不得征收其城市增容费。

第四十二条　毕业生报到后，用人单位应根据工作需要和毕业生所学专业及时安排工作岗位。

第四十三条　按国家计划派遣的毕业生，用人单位不得拒绝接收或退回学校。

第四十四条　毕业生报到后，发生疾病不能坚持工作的，按在职人员有关规定处理，不得把上岗后发生疾病的毕业生退回学校。

第四十五条　毕业生就业后，其工资标准和福利待遇按国家有关规定执行，工龄从报到之日计算。

第四十六条　到非公有制单位就业的毕业生，其档案按国家有关规定进行管理，工资待遇由毕业生与用人单位协商确定，但工资标准原则上不低于国家规定。

第八章　违反规定的处理

第四十七条　有以下情形之一的部委、地方和学校就业部门，要通报批评，情节严重的，建议主管部门对有关责任人员给予行政处分：

1. 不按要求和时间报送生源、需求计划的；

2. 不按国家的有关规定派遣毕业生的；

3. 其他违反毕业生就业工作规定的。

第四十八条　对违反就业协议或不履行定向、委托培养合同的用人单位、毕业生、高等学校按协议书或合同书的有关条款办理，并依法承担赔偿责任。

第四十九条　对擅自拒收、截留按国家计划派遣毕业生的用人单位，由其主管部门责令改正，并对有关负责人给予行政处分。

第五十条　有下列情形之一的毕业生，由学校报地方主管毕业生调配部门批准，不再负责其就业。在其向学校缴纳全部培养费和奖（助）学金后，由学校将其户粮关系和档案转至家庭所在地，按社会待业人员处理：

1. 不顾国家需要，坚持个人无理要求的；

2. 自派遣之日起，无正当理由超过三个月不去就业单位报到的；

3. 报到后，拒不服从安排或无理要求用人单位退回的；

4. 其他违反毕业生就业规定的。

第五十一条　对利用职权干涉毕业生就业工作或在毕业生就业工作中徇私舞弊的工作人员，由主管部门或同级纪检、监察部门依法处理；情节严重、构成犯罪的，依法追究其刑事责任。

第九章　附则

第五十二条　本规定中普通高等学校毕业生系指按照国家普通高等学校招生计划和研究生招生计划招收的具有学籍、取得毕业资格的本、专科学生（含招生并轨招收的学生和招生并轨前招收的国家任务生、定向生、委培生，自费生及电大、函授普通专科班学生）和硕士、博士研究生（含统分生、定向生、委培生、自筹经费生）。

第五十三条　各有关部委和地方可根据本规定制定实施细则并报国家教委备案。

第五十四条　本规定由国家教育委员会负责解释。

第五十五条　本规定自发布之日起执行。